Educational Producer For Your Success

최신판

PASS

TS 한국교통안전공단 시행

단기간에 끝내는
화물운송종사
자격시험 벼락치기
[용어정리 + 기출예상문제]

| 정장만 편저 |

에듀피디 동영상강의 www.edupd.com

에듀피디
EDUPD

화물운송종사
자격시험 벼락치기

1판 1쇄	2022년 9월 15일
1판 3쇄	2024년 6월 10일

편저자	정장만
발행처	에듀피디
등 록	제300-2005-146
주 소	서울 종로구 대학로 45 임호빌딩 2층 (연건동)
전 화	1600-6690
팩 스	02)747-3113

※ 이 책은 저작권법에 따라 보호받는 저작물이므로 무단전재와 무단복제를 금지하며 책 내용의 전부 또는 일부를 이용하려면 반드시 저작권자와 에듀피디의 서면 동의를 받아야 합니다.

화물운송종사 자격시험 가이드

1 화물운송종사 자격시험

화물자동차 운전자의 전문성 확보를 통해 운송서비스 개선, 안전운행 및 화물운송업의 건전한 육성을 도모하기 위해 2004년 7월 21일부터 한국교통안전공단이 국토교통부로부터 사업을 위탁받아 화물운송종사 자격시험을 시행하고 있으며, 화물운송 자격시험 제도를 도입하여 화물종사자의 자질을 향상시키고 과실로 인한 교통사고를 최소화하는 데 기여하고자 한다.

2 자격취득절차

3 응시자격

(1) 연령 : 20세 이상

(2) 운전경력
   ① 운전면허 1종 또는 2종 면허(소형 제외) 이상 소지자로 운전면허 보유기간이 만 2년 이상 경과한 사람
   ② 운전면허 1종 또는 2종 면허(소형 제외) 이상 소지자로 사업용(영업용 노란색 번호) 운전경력이 1년 이상인 사람

(3) 화물자동차운수사업법 제9조의 결격사유에 해당되지 않는 사람으로 결격사유는 다음과 같다.
   ① 화물자동차운수사업법을 위반하여 징역 이상의 실형을 선고받고 그 집행이 끝나거나 집행이 면제된 날부터 2년이 지나지 아니한 자
   ② 화물자동차운수사업법을 위반하여 징역 이상의 형의 집행유예선고를 받고 그 유예기간 중에 있는 자
   ③ 화물자동차운수사업법에 따라 화물운송종사 자격이 취소된 날부터 2년이 경과되지 아니한 자(화물자동차를 운전할 수 있는 도로교통법에 따른 운전면허가 취소된 경우는 제외)
   ④ 자격시험일 전 또는 교통안전체험교육일 전 5년간 다음의 어느 하나에 해당하는 사람(2017년 7월 18일 이후에 발생한 건만 해당됨)
      • 도로교통법 제93조 제1항 제1호부터 제4호까지에 해당하여 운전면허가 취소된 사람
      • 도로교통법 제43조를 위반하여 운전면허를 받지 아니하거나 운전면허의 효력이 정지된 상태로 같은 법 제2조 제21호에 따른 자동차 등을 운전하여 벌금형 이상의 형을 선고받거나 같은 법 제93조 제1항 제19호에 따라 운전면허가 취소된 사람
      • 운전 중 고의 또는 과실로 3명 이상이 사망(사고발생일로부터 30일 이내에 사망한 경우를 포함한다)하거나 20명 이상의 사상자가 발생한 교통사고를 일으켜 도로교통법 제93조 제1항 제10호에 따라 운전면허가 취소된 사람
   ⑤ 자격시험일 전 3년간 도로교통법에 따른 공동위험행위·난폭운전 금지 등의 조항을 위반하여 운전면허가 취소된 사람(2017년 7월 18일 이후에 발생한 건만 해당됨)

4 시험접수

(1) 인터넷 접수 : 화물운송종사 자격시험 홈페이지(https://lic.kotsa.or.kr)(신청·조회 > 화물운송 > 예약접수 > 원서접수)
  *사진은 그림파일 JPG로 스캔하여 등록
(2) 방문접수 : 전국 18개 시험장
  *다만, 현장 방문접수 시에는 응시 인원마감 등으로 시험 접수가 불가할 수도 있으니 가급적 인터넷으로 시험 접수현황을 확인하시고 방문해주시기 바랍니다.
(3) 시험 응시수수료 : 11,500원
(4) 준비물 : 운전면허증(모바일 운전면허증 제외), 6개월 이내 촬영한 3.5X4.5cm 컬러사진(미제출자에 한함)

5 접수기간, 필기시험 과목 및 범위

(1) 접수기간
  - 시험등록 : 시작 20분 전 / 시험시간 : 80분
  - 상시 CBT 필기시험일(토요일, 공휴일 제외)

CBT 전용 상설 시험장	정밀검사장 활용 CBT 비상설 시험장
• 서울 구로, 수원, 대전, 대구, 부산, 광주, 인천, 춘천, 청주, 전주, 창원, 울산, 화성 (13개 지역) • 매일 4회(오전 2회, 오후 2회) *대전, 부산, 광주는 수요일 오후 항공 CBT 시행	• 서울 노원, 상주, 제주, 의정부, 홍성 (5개 지역) • 매주 화, 목 오후 2회

*시험장 사정에 따라 시행 횟수는 변경될 수 있음
상설시험장의 경우, 지역 특성을 고려하여 시험 시행 횟수는 조정가능(소속별 자율 시행)
  - 1회차 : 09:20 ~ 10:40, 2회차 : 11:00 ~ 12:20, 3회차 : 14:00 ~ 15:20, 4회차 : 16:00 ~ 17:20
  - 접수인원 초과(선착순)로 접수 불가능 시 타 지역 또는 다음 차수 접수 가능
  - 시험 당일 준비물 : 운전면허증(모바일 운전면허증 제외)

(2) 필기시험 과목 및 범위

교통 및 화물 관련 법규	화물취급요령	안전운행요령	운송서비스
25문항	15문항	25문항	15문항
합격기준: 총점 100점 중 60점 (총 80문제 중 48문제)이상 획득 시 합격			

6 합격자 발표 및 응시제한 및 부정행위 처리

(1) 합격 판정 100점 기준으로 60점 이상을 얻어야 함(4과목 총 80문제 / 각 1.25점)
(2) 합격자 발표 : 시험 종료 후 시험 시행장소에서 발표
(3) 응시제한 및 부정행위 처리
  - 시험 시작시간 이후에 시험장에 도착한 사람은 응시 불가
  - 시험 도중 무단으로 퇴장한 사람은 재입장 할 수 없으며 해당 시험 종료처리
  - 부정행위 또는 주의사항이나 시험감독의 지시에 따르지 아니하는 사람은 즉각 퇴장조치 및 무효처리하며, 향후 2년간 공단에서 시행하는 자격시험의 응시자격 정지

7 합격자 교육 안내 및 자격증 교부

(1) 교육대상 : 화물운송종사자격 필기시험 합격자
(2) 교육시간 : 8시간(화물자동차 운수사업법 시행규칙 제18조의7 제1항)
(3) 준비사항 : 합격자 온라인 교육 신청에서 교육을 신청 후 모든 과정 수료(본인인증 필요)
(4) 교육일시 및 방법 : 합격자 온라인 교육
　① 온라인 교육은 인터넷상에서 동영상을 시청하여 온라인으로 교육을 이수하는 시스템
　② 교육 신청 후 교육 사이트로 이동하면 나의 강의실 〉 학습현황 〉 학습 중 과정의 [화물운송종사 자격시험 합격자 온라인 교육] 과정 학습창을 클릭하여 수료합격자 교육 신청

8 상시 CBT 필기 시험장

(1) 전용 상시 CBT 필기 시험장(주차시설이 없으므로 대중교통 이용 필수)

시험장소	주소	안내전화
서울본부(구로)	(08265) 서울 구로구 경인로 113(오류동 91-1) 구로검사소 내 3층	(02) 372-5347
경기남부본부(수원)	(16431) 경기 수원시 권선구 수인로 24(서둔동 9-19)	(031) 297-9123
대전충남본부(대전)	(34301) 대전 대덕구 대덕대로 1417번길 31(문평동 83-1)	(042) 933-4328
대구경북본부(대구)	(42258) 대구 수성구 노변로 33(노변동 435)	(053) 794-3816
부산본부(부산)	(47016) 부산 사상구 학장로 256(주례3동 1287)	(051) 315-1421
광주전남본부(광주)	(61738) 광주 남구 송암로 96(송하동 251-4)	(062) 606-7634
인천본부(인천)	(21544) 인천 남동구 백범로 357(간석동 172-1)	(032) 830-5930
강원본부(춘천)	(24399) 강원 춘천시 동내면 10(석사동)	(033) 240-0101
충북본부(청주)	(28455) 충북 청주시 흥덕구 사운로 386번길 21(신봉동 260-6)	(043) 266-5400
전북본부(전주)	(54885) 전북 전주시 덕진구 신행로 44(팔복동 3가 211-5)	(063) 212-4743
경남본부(창원)	(51391) 경남 창원시 의창구 차룡로 48번길 44, 창원스마트타워 2층	(055) 270-0550
울산본부(울산)	(44721) 울산 남구 번영로 90-1(달동 1296-2)	(052) 256-9372
드론자격시험센터	(18247) 경기 화성시 송산면 삼존로 200(삼존리 621-1)	(031) 645-2100

(2) 운전정밀검사장 활용 CBT 시험장(주차시설이 없으므로 대중교통 이용 필수)

시험장소	주소	안내전화
서울본부(노원)	(01806) 서울 노원구 공릉로 62길 41(하계동 252) 노원검사소 내 2층	(02) 973-0586
제주본부(제주)	(63326) 제주시 삼봉로 79(도련2동 568-1)	(064) 723-3111
상주교통안전체험교육센터(상주)	(37257) 경북 상주시 청리면 마공공단로 80-15호(마공리 1238번지)	(054) 530-0115
경기북부본부	(11708) 경기 의정부시 평화로 285(호원동 411-9)	(031) 837-7602
홍성검사소	(32244) 충남 홍성군 충서로 1207(남장리 217)	(041) 632-4328

9 수험생 유의사항

(1) 운전면허증 지참(모바일 운전면허증 제외)
- 시험 당일 응시자는 반드시 운전면허증(필수지참)을 지참하여야 하며, 시험 시간 중에는 운전면허증(필수지참)을 책상 위에 놓아야 함
- 운전면허증 필수지참(응시자격 요건 확인을 위함)

(2) 답안지 작성 요령
- 답안은 반드시 80문제 모두 풀어 정답을 체크해야 합니다.
- 수험번호, 성명, 교시명 등 작성된 기록은 반드시 확인해야 합니다.
- 80분이 경과하면 문제를 다 풀지 못해도 자동으로 제출되고, 응시자는 더 이상 답안을 작성할 수 없습니다.

(3) 부정행위 안내 : 부정행위를 한 수험자에 대하여는 당해 시험을 무효로 하고 한국교통안전공단에서 시행되는 국가자격시험 응시자격을 2년 제한 등의 조치를 하게 됩니다.

[부정행위 유형]
- 시험 중 다른 사람의 답안을 엿보거나 자신의 답안을 타인에게 보여 주는 행위
- 시험 관련 서적이나 미리 준비한 메모를 참조하는 행위
- 핸드폰, MP3, 무전기, 전자사전, 웨어러블 기기 등 전자기기를 소지하거나 이를 사용하는 행위
- 신분증이나 응시표 등의 서류를 위·변조하여 시험을 치르는 행위
- 대리시험을 치르거나 치르도록 하는 행위 · 시험 문제를 메모 또는 녹음하여 유출하거나 타인에게 전달하는 행위
- 시험 진행에 방해되는 행위를 하거나 감독관의 정당한 지시에 불응하는 경우
- 기타(사후 적발에 의해 부정행위로 판명된 경우 포함)

이 책의 목차

1 교통 및 화물 관련 법규
- CHAPTER 01. 용어의 정리 — 010
- CHAPTER 02. 문제
  - 01 도로교통법령 — 025
  - 02 교통사고처리특례법 — 030
  - 03 화물자동차운수사업법령 — 034
  - 04 자동차관리법령 — 039
  - 05 도로법령 — 042
  - 06 대기환경보전법령 — 044

2 화물취급요령
- CHAPTER 01. 용어의 정리 — 048
- CHAPTER 02. 문제
  - 01 운송장 작성과 화물포장 — 055
  - 02 화물의 상하차 — 057
  - 03 적재물 결박·덮개설치 — 059
  - 04 운행요령 — 061
  - 05 화물의 인수·인계요령 — 062
  - 06 화물자동차의 종류 — 063
  - 07 화물운송의 책임한계 — 065

3 안전운행요령
- CHAPTER 01. 용어의 정리 — 070
- CHAPTER 02. 문제
  - 01 운전자의 요인과 안전운행 — 080
  - 02 자동차 요인과 안전운행 — 083
  - 03 도로요인과 안전운행 — 085
  - 04 안전운전방법 — 086

4 운송서비스
- CHAPTER 01. 용어의 정리 — 092
- CHAPTER 02. 문제
  - 01 직업 운전자의 기본자세 — 102
  - 02 물류의 이해 — 104
  - 03 화물운송서비스의 이해 — 107
  - 04 화물운송서비스와 문제점 — 109

부록 파이널 모의고사
- CHAPTER 01. 파이널 모의고사 1회 — 114
- CHAPTER 02. 파이널 모의고사 2회 — 126

1 PART
교통 및 화물 관련 법규

CHAPTER 01 용어의 정리

1	도로교통법의 목적	도로에서 일어나는 교통상의 위험과 장애를 방지·제거하여 안전하고 원활한 교통을 확보함에 있다.
2	도로	도로법에 의한 도로, 유료도로법에 의한 유료도로, 농어촌도로 정비법에 따른 농어촌도로, 그 밖에 현실적으로 불특정 다수의 사람 또는 차마가 통행할 수 있도록 공개된 장소로서, 안전하고 원활한 교통을 확보할 필요가 있는 장소를 말한다(편도, 이도, 농도 포함). • 도로에 해당하는 곳 : 산림도로, 깊은 산 속 비포장 도로, 아파트 단지 내 도로, 공원 휴양지 도로, 차로, 교차로, 차도 등 교통에 이용되고 있는 도로 • 도로가 아닌 곳 : 출입이 제한된 학교 운동장 및 유료주차장 내, 자동차운전학원 실습장, 해수욕장 모랫길 등
3	자동차 전용도로	자동차만이 다닐 수 있도록 설치한 도로(고속도로, 서울 올림픽대로, 부산의 동부간선도로, 서울 외곽순환도로, 서울의 강남·강북대로 등) • 자동차 전용도로에서는 보행자 및 이륜차 등은 절대 통행이 금지된다(단, 경찰의 특수업무 수행중일 경우에는 제외한다).
4	고속도로	자동차의 고속운행에만 사용하기 위하여 지정된 도로 • 고속도로는 경인(제2경인), 경부, 중부(제2중부), 영동, 중앙, 남해, 구마, 88올림픽, 서해안, 호남고속도로, 논산~천안간, 대전~통영간, 중부내륙(마산, 여주), 대구~부산, 청원~상주간, 고속도로 등이 있다. • 이륜자동차(긴급차는 제외), 원동기장치자전거, 소형 특수차(경운기) 등과 보행자는 통행이 금지된다.
5	차도	연석선(차도와 보도를 구분하는 돌 등으로 이어진 선), 안전표지 또는 그와 비슷한 인공구조물을 이용하여 경계(境界)를 표시하여 모든 차가 통행할 수 있도록 설치된 도로의 부분이다.
6	차로	차마가 한 줄로 도로의 정하여진 부분을 통행하도록 차선으로 구분한 차도의 부분을 말한다.
7	차선	차로와 차로를 구분하기 위하여 그 경계지점을 안전표지로 표시한 선을 말한다.
8	보도(步道)	연석선, 안전표지나 그와 비슷한 인공구조물로 경계를 표시하여 보행자(유모차 및 보행보조용 의자차를 포함)가 통행할 수 있도록 된 도로의 부분이다.
9	횡단보도	보행자가 도로를 횡단할 수 있도록 안전표지로 표시한 도로의 부분을 말한다.
10	중앙선	차마의 통행을 방향별로 명확하게 구분하기 위하여 도로에 황색 실선이나 황색 점선 등의 안전표지로 표시한 선 또는 중앙분리대나 울타리 등으로 설치한 시설물을 말하며, 가변차로(可變車路)가 설치된 경우에는 신호기가 지시하는 진행방향의 가장 왼쪽에 있는 황색 점선을 말한다.

11	신호기	도로교통에서 문자·기호 또는 등화(燈火)를 사용하여 진행·정지·방향전환·주의 등의 신호를 표시하기 위하여 사람이나 전기의 힘으로 조작하는 장치
12	안전표시	교통안전에 필요한 주의·규제·지시 등을 표시하는 표지판이나 도로의 바닥에 표시하는 기호·문자 또는 선 등이다.
13	주차	운전자가 승객을 기다리거나 화물을 싣거나 차가 고장나거나 그 밖의 사유로 인하여 차를 계속하여 정지 상태에 두는 것 또는 운전자가 차에서 떠나서 즉시 그 차를 운전할 수 없는 상태에 두는 것
14	교차로	십자로, T자로나 그 밖에 둘 이상의 도로(보도와 차도와 구분되어 있는 도로에서는 차도)가 교차하는 부분을 한다.
15	운전	도로에서 술에 취한 상태에서의 운전금지, 과로한 때 등의 운전금지, 사고 발생 시의 조치 등은 도로 외의 곳을 포함해서 차마를 그 본래의 사용방법에 따라 사용하는 것 및 조종을 포함한다.
16	서행(徐行)	운전자가 차 또는 노면전차를 즉시 정지할 수 있는 정도의 느린 속도로 진행하는 것을 말한다.
17	앞지르기	차 또는 노면전차의 운전자가 앞서가는 다른 차의 옆을 지나서 그 차의 앞(좌측)으로 나가는 것을 말한다.
18	일시정지	차 또는 노면전차의 운전자가 그 차의 바퀴를 일시적으로 완전히 정지시키는 것
19	안전지대	도로를 횡단하는 보행자나 통행하는 차마의 안전을 위하여 안전표지나 그와 비슷한 인공구조물로 표시한 도로의 부분을 말한다.
20	긴급자동차	소방차, 구급차, 혈액공급차량 그밖에 대통령령으로 정하는 자동차
21	자동차와 차의 구분사유	도로교통법은 차와 자동차의 개념을 달리 규정하고 있으며 이는 도로상에서의 운전과 이에 따른 단속, 행정처분, 사고처리 등의 범위와 한계를 구분하기 위해서이다.
22	자동차와 차의 차이	차는 자동차, 건설기계, 원동기장치 자전거, 자전거 또는 가축의 힘이나 그 밖의 동력으로 도로에서 운전되는 것을 말한다. 자동차는 철길이나 가설된 선을 이용하지 아니하고 원동기를 사용하여 운전되는 차(견인되는 자동차도 자동차의 일부로 본다)로서 자동차 관리법 제3조에 따른 승용·승합·화물·특수·이륜자동차(원동기장치 자전거 제외) 및 건설기계관리법 제26조 제1항 단서에 따른 건설기계(콘크리트 믹서트럭 등)를 말한다.
23	차량신호등의 원형등화에서 황색의 등화	① 차마는 정지선이 있거나 횡단보도가 있을 때에는 그 직진이나 교차로의 직전에 정지하여야 하며 이미 교차로에 차마의 일부라도 진입한 경우에는 신속히 교차로 밖으로 진행하여야 한다. ② 차마는 우회전 통과 시 횡단보도를 통행하고 있거나 통행하려고 하는 때 보행자가 횡단보도를 건너고 있지 않아도 앞에서 건너기 위해 대기중이여도 차마는 우선 정지해야 한다.

24	보행신호등	① 녹색의 등화 : 보행자는 횡단보도를 횡단할 수 있다. ② 녹색 등화의 점멸 : 보행자는 횡단을 시작해서는 안되고, 횡단하고 있는 보행자는 신속하게 횡단을 완료하거나 그 횡단을 중지하고 보도로 되돌아와야 한다. ③ 적색의 등화 : 보행자는 횡단보도를 횡단하여서는 안된다.
25	교통안전표지의 종류	교통안전표지란 주의, 규제, 지시 등을 표시하는 표지판이나 도로바닥에 표시하는 문자, 기호, 선 등의 노면표시를 말한다.
26	노면표시의 기본 색상	① 백색 : 동일방향의 교통류 분류 및 경계표시 ② 황색 : 반대방향의 교통류 분리 또는 도로이용제한 및 지시(중앙선, 도로중앙장애물 표시, 주차금지 표시, 정차·주차금지 표시 및 안전지대 표시) ③ 청색 : 지정방향의 교통류 분리 표시(버스전용차로 표시 및 다인승 차량전용차선 표시) ④ 적색 : 어린이 보호구역 또는 주거지역 안에 설치하는 속도제한 표시의 테두리선 및 소방시설 주변 정차·주차금지 표시에 사용된다.
27	노면표시에 사용되는 각종 선	① 점선 : 허용 ② 실선 : 제한 ③ 복선 : 의미의 강조

28	고속도로 외의 도로에서 차로에 따른 통행차의 기준과 고속도로에서 차로에 따른 통행 차의 기준	고속도로 외의 도로	왼쪽 차로	승용자동차 및 경형·소형·중형 승합자동차
			오른쪽 차로	대형 승합자동차, 화물자동차, 특수자동차, 법 제2조 제18호 나목에 따른 건설기계, 이륜자동차, 원동기장치자전거
		고속도로 편도 2차로	1차로	앞지르기를 하려는 모든 자동차. 다만, 차량통행량 증가 등 도로상황으로 인하여 부득이하게 시속 80km 미만으로 통행할 수밖에 없는 경우에는 앞지르기를 하는 경우가 아니라도 통행할 수 있다.
			2차로	모든 자동차

29	차로에 따른 통행차의 기준에 의한 통행방법	차마의 운전자가 도로의 중앙이나 좌측부분을 통행할 수 있는 경우 ① 도로가 일방통행인 경우 ② 도로파손, 공사, 장애 등으로 도로의 우측부분을 통행할 수 없는 경우 ③ 도로 우측부분의 폭이 6m가 되지 아니하는 도로에서 다른 차를 앞지르려는 경우 (도로의 좌측 부분을 확인할 수 있는 경우, 반대방향의 교통을 방해할 우려가 없는 경우, 안전표지 등으로 앞지르기가 금지하거나 제한하지 않는 경우에 통행할 수 있다) ④ 도로 우측부분의 폭이 차마의 통행에 충분하지 아니한 경우 ⑤ 가파른 비탈길의 구부러진 곳에서 교통의 위험을 방지하기 위하여 시·도 경찰청장이 필요하다고 인정하여 구간 및 통행 방법을 지정하고 있는 경우에 그 지정에 따라 통행하는 경우
30	진로양보의무	① 비탈진 좁은 도로에서 자동차가 서로 마주보고 진행하는 경우에는 올라가는 자동차(내려오는 자동차가 우선통행)행 ② 비탈진 좁은 도로 외의 좁은 도로에서 사람을 태웠거나 물건을 실은 자동차와 동승자가 없고 물건을 싣지 아니한 자동차가 서로 마주보고 진행하는 경우에는 동승자가 없고 물건을 싣지 아니한 자동차가 진로를 양보(승차 또는 화물적재차가 우선통행)

31	편도 1차로 고속도로	모든 자동차 최고 매시 80km와 최저 매시 50km
32	편도 2차로 이상 경찰청장이 원활한 소통을 위하여 필요하다고 인정하여 지정 고시한 구간의 고속도로	① 승용, 승합, 화물자동차(적재중량 1.5톤 이하) : 최고 매시 120km와 최저 매시 50km ② 화물자동차(적재중량 1.5톤 초과), 위험물운반차 및 건설기계 특수자동차 : 최고 속도 매시 90km와 최저속도 매시 50km
33	이상기후 시의 감속운행 (비, 안개, 눈 등)	① 비가 내려 노면이 젖어 있는 경우 ② 눈이 20mm 미만 쌓인 경우 : 최고속도의 20/100으로 감속 ① 폭우, 폭설, 안개 등으로 가시거리 100m 이내인 경우 ② 노면의 결빙 ③ 눈이 20mm 이상 쌓인 경우 : 최고속도의 50/100으로 감속
34	고장차를 견인하는 때의 속도와 중량	① 총중량 2,000kg에 미달하는 자동차를 그의 3배 이상의 총중량 자동차로 견인하는 경우는 30km/h 이내 ② 대형차가 대형차, 승용차가 승용차 등의 견인시는 25km/h 이내 ③ 2륜차가 2륜차를 견인하지 못함 ④ 고속도로에서는 레커(견인차)가 아니면 견인하지 못함
35	일시정지	반드시 차가 멈추어야 하되 얼마간의 동안 정지 상태를 유지해야 하는 교통상황의 의미(정지 상황의 일시적 전개). ① 보도와 차도의 구분된 도로에서 도로 외의 곳을 출입하는 때는 보도를 횡단하기 직전에 일시정지 ② 철길 건널목을 통과하려는 경우 철길 건널목 앞에서 일시정지 ③ 보행자가 횡단보도를 통행하고 있을 때에는 보행자의 횡단을 방해하거나 위험을 주지 않도록 그 횡단보도 앞에서 일시정지 ④ 어린이가 보호자 없이 도로를 횡단할 때 어린이가 도로에서 앉아 있거나 서 있는 때 또는 어린이가 놀이를 할 때 일시정지 ⑤ 앞을 보지 못하는 사람이 흰색지팡이를 가지거나, 장애인보조견을 동반하는 등의 조치를 하고 도로를 횡단하고 있는 경우 일시정지 ⑥ 지하도·육교 등 도로횡단시설을 이용할 수 없는 지체장애인이나 노인 등이 도로를 횡단하고 있는 경우 일시정지 ⑦ 차량신호등이 적색의 등화의 점멸인 경우 차마는 정지선이나 횡단보도가 있을 때에는 그 직전이나 교차로의 직전에 일시정지 ⑧ 교차로나 그 부근에서 긴급자동차가 접근하는 경우에는 교차로를 피하여 도로의 우측 가장자리에 일시정지 ⑨ 시·도 경찰청장이 필요하다고 인정하여 안전 표지로 지정한 곳

36	교통정리가 없는 교차로에서의 양보운전	동시에 교차로에 진입할 때의 양보운전 ① 도로의 폭이 좁은 도로에서 진입하려는 경우에는 도로의 폭이 넓은 도로로부터 진입하는 차에 진로를 양보 ② 동시에 진입하려고 하는 경우에는 우측 도로에서 진입하는 차에 진로를 양보 ③ 좌회전하려고 하는 경우에는 직진하거나 우회전하려는 차에 진로를 양보
37	긴급자동차의 우선과 특례	① 긴급하고 부득이한 경우에는 도로의 중앙이나 좌측부분을 통행할 수 있다. ② 긴급하고 부득이한 경우에는 정지하여야 하는 경우에도 정지하지 않을 수 있다. ③ 자동차 등의 속도(법정 운행속도 및 제한속도)에 관한 규정을 적용하지 아니한다. ④ 앞지르기 금지의 시기 및 장소 또는 끼어들기 금지에 관한 규정을 적용하지 아니한다. ⑤ 긴급자동차 운전자는 해당 자동차를 그 본래의 긴급한 용도로 운행하지 아니하는 경우에는 경광등이나 사이렌을 작동하여서는 아니 된다. 다만, 범죄 및 화재 예방 등을 위한 순찰·훈련 등을 실시하는 경우에는 그러하지 아니한다.
38	긴급자동차 접근 시의 피양	교차로 또는 그 부근에서 긴급차가 접근하는 경우, 차마와 노면전차의 운전자는 교차로를 피하여 일시 정지하여야 한다. 그 외의 곳인 경우에는, 긴급자동차가 우선 통행할 수 있도록 진로를 양보하여야 한다.
39	긴급자동차의 등광색	① 소방자동차, 범죄수사자동차, 경찰 교통단속 자동차 : 적색, 청색 ② 구급자동차 : 녹색 ③ 시·도 경찰청장이 지정하는 긴급자동차 : 황색
40	자동차의 정비 및 정비불량차 운전금지	모든 차의 사용자, 정비책임자 또는 운전자
41	정비불량차에 해당되는 차가 운전되고 있을 때에 경찰공무원의 조치	시·도 경찰청장은 정비 상태가 매우 불량하여 위험발생의 우려가 있는 경우에는 그 차의 자동차 등록증을 보관하고 운전의 일시정지를 명할 수 있으며 필요하면 10일의 범위에서 정비기간을 정하여 그 차의 사용을 정지시킬 수 있다.
42	운전면허 응시연령	① 1종대형면허 : 만 19세 이상, 운전경력 1년(이륜차 경력은 제외) ② 1종보통, 2종보통면허 : 만 18세 이상 ③ 원동기장치자전거면허 : 만 16세 이상
43	운전할 수 있는 차의 종류 (제1종 대형면허)	① 승용자동차, 승합자동차, 화물자동차 ② 건설기계 : 덤프트럭, 아스팔트 살포기, 노상안정기, 콘크리트 믹서트럭, 콘크리트 펌프, 천공기(트럭 적재식), 콘크리트 믹서트레일러, 아스팔트 콘크리트 재생기 - 도로보수트럭, 3톤 미만의 지게차 ③ 특수자동차(대형견인차, 소형견인차 및 구난차(구난차 등은 제외)) ④ 원동기장치자전거
44	운전할 수 있는 차의 종류 (제1종 보통면허)	① 승용자동차 ② 승차정원 15인 이하의 승합자동차 ③ 적재중량 12톤 미만의 화물자동차

		④ 건설기계(도로를 운행하는 3톤 미만의 지게차에 한정) ⑤ 총중량 10톤 미만의 특수자동차(구난차 등은 제외) ⑥ 원동기장치자전거
45	조치 등 불이행에 따른 벌점기준 교통사고 야기 시 조치 불이행 (벌점 15점)	• 물적피해 교통사고를 야기한 후 도주한 때 • 교통사고를 일으킨 즉시(그때, 그 자리에서 곧) 사상자를 구호하는 등의 조치를 하지 아니하였으나 그 후 자진신고를 한 때
46	교통법규 위반 시 (벌점 40점)	• 출석기간 또는 범칙금 납부기간 60일 경과까지 즉결심판 받지 아니한 때 • 정차, 주차위반에 대한 조치불응 • 안전운전의무위반 • 승객의 차내소란행위 방치운전 • 공동위험행위로 형사입건된 때 • 난폭운전으로 형사입건된 때
47	교통사고처리특례법의 제정목적	① 교통사고를 일으킨 운전자의 교통사고 처벌의 원칙이 피해자와 적절한 합의가 이루어졌다면 처벌을 하지 않도록 교통사고처리특례법이 제정됨 ② 다만, 피해자와 합의가 이루어졌더라도 피해자의 의사에 반하여 죄를 처벌할 수 있는 경우를 따로 명시함
48	교통사고 특례의 적용	① 차의 운전자가 교통사고로 인하여(업무상 과실, 중과실치사상) : 5년 이하의 금고 또는 2천만 원 이하의 벌금 ② 차의 운전자가 업무상 필요한 주의를 게을리 하거나 중대한 과실로 다른 사람의 건조물이나 그 밖의 재물을 손괴한 때 : 2년 이하의 금고나 500만 원 이하의 벌금
49	처벌의 가중 (사망사고)	(교통안전법 시행령) 교통사고에 의한 사망은 교통사고가 주된 원인이 되어 교통사고 발생 시부터 30일 이내에 사람이 사망한 사고를 말하며 교통사고 발생 후 72시간 내 사망하면 벌점 90점이 부과된다.
50	처벌의 가중 (도주사고)	• 피해자를 사망에 이르게 하고 도주하거나 도주 후 피해자가 사망한 경우 : 무기 또는 5년 이상의 징역에 처한다. • 피해자를 상해에 이르게 한 경우 : 1년 이상의 유기징역 또는 500만 원 이상 3천만 원 이하의 벌금에 처한다.
51	신호·지시 위반사고 신호 및 지시위반의 정의	도로교통법 제5조(신호 또는 지시에 따를 의무)의 내용 중 신호기 또는 교통정리를 하는 경찰공무원 등의 신호나 통행의 금지 또는 일시정지를 내용으로 하는 안전표지가 표시하는 지시에 위반하여 운전한 경우(특례적용의 배제)
52	신호·지시 위반사고 황색주의신호의 개념	① 황색주의신호 기본 시간 : 3초 큰 교차로는 다소 연장하나 6초 이상의 황색신호가 필요한 경우에는 녹색신호가 나오기 전에 출발하는 경향이 있다. ② 선·후신호 진행차량간 사고를 예방하기 위한 제도적 장치(3초 여유) ③ 대부분 선신호 차량 신호위반 ④ 초당거리 역산 신호위반 입증

53	신호기의 적용범위	원칙 : 해당 교차로와 횡단보도에만 적용한다. 예외(확대 적용될 수 있는 경우) ① 신호기의 직접 영향 지역 ② 신호기의 지주위치 내의 지역 ③ 대향차선에 유턴 허용 지역에서는 신호기 적용 유턴허용지점으로까지 확대적용 ④ 대향차량이나 피해자가 신호기의 내용을 의식, 신호상황에 따라 진행 중인 경우
54	중앙선을 침범했더라도 공소권 없는 사고로 처리되는 경우	① 불가항력적 또는 만부득이한 침범 ② 사고를 피양하기 위해 급제동하다가 침범 ③ 위험을 회피하기 위해 침범 ④ 충격에 의해 침범 ⑤ 교차로에서 좌회전 중 중앙선을 일부 침범
55	과속의 개념	① 일반적으로 과속 : 도로교통법에서 규정된 법정속도와 지정속도를 초과한 경우 ② 교통사고 처리특례법상의 과속 : 도로교통법에서 규정된 법정속도와 지정속도에서 20km/h 초과된 경우
56	경찰에서 사용 중인 속도추정방법	① 운전자의 진술　　　　　② 스피드 건 ③ 타코그래프(운행기록계)　④ 제동흔적 등
57	과속사고(20km/h 초과)의 성립요건 (장소적 요건)	도로나 불특정다수의 사람 또는 차마의 통행을 위하여 공개된 장소로서 안전하고 원활한 교통을 확보할 필요가 있는 장소에서의 사고 예외사항 : 도로나 불특성 다수의 사람 또는 차마의 통행을 위하여 공개된 장소로서 안전하고 원활한 교통을 확보할 필요가 있는 장소가 아닌 곳에서의 사고
58	앞지르기 방법, 금지 위반사고의 성립요건 (운전자의 과실)	앞지르기 금지위반 행위 ① 앞차의 좌측에 다른 차가 앞차와 나란히 가고 있는 경우에 앞지르기 ② 앞차의 좌회전시 앞지르기 ③ 위험방지를 위한 정지, 서행 시 앞지르기 ④ 앞지르기 금지장소에서의 앞지르기 ⑤ 실선의 중앙선침범 앞지르기 앞지르기 방법 위반행위 ① 우측 앞지르기 ② 2개 차로 사이로 앞지르기 예외사항 : 불가항력, 부득이한 경우 앞지르기하던 중 사고
59	철길 건널목의 종류	① 1종 건널목 : 차단기, 건널목 경보기 및 교통안전표지가 설치되어 있는 경우 ② 2종 건널목 : 경보기와 철길 건널목 교통안전표지만 설치하는 건널목 ③ 3종 건널목 : 철길 건널목 교통안전표지만 설치하는 건널목

60	횡단보도에서 이륜차(자전거, 오토바이)와 사고발생 시 결과와 조치	형태	결과	조치
		이륜차를 타고 횡단보도 통행 중 사고	이륜차를 보행자로 볼 수 없고 제차로 간주하여 처리	안전운행 불이행 적용
		이륜차를 끌고 횡단보도 보행 중 사고	보행자로 간주	보행자 보호의무 위반 적용
		이륜차를 타고 가다 멈추고 한 발은 페달에, 한발은 노면에 딛고 서 있던 중 사고	보행자로 간주	보행자 보호의무 위반 적용

번호	항목	내용
61	무면허운전사고의 정의	① 운전면허를 받지 아니하고 운전 중 발생한 교통사고 ② 국제운전면허증을 소지하지 아니하고 운전 중 발생한 교통사고 ③ 운전면허 효력이 정지 중에 있거나 국제운전면허증을 소지한 자가 운전이 금지된 경우에 운전하다가 일으킨 사고를 말한다.
62	무면허운전사고의 성립요건 (장소적 요건)	도로나 그 밖의 현실적으로 불특정 다수의 사람 또는 차마의 통행을 위하여 공개된 장소로서 안전하고 원활한 교통을 확보할 필요가 있는 장소(교통경찰권이 미치는 장소) 예외사항 : 특정인만 출입하는 장소로 교통경찰권이 미치지 않는 장소
63	음주운전 사고의 성립요건 (장소적 요건)	① 도로나 그 밖에 현실적으로 불특성 다수의 사람 또는 차마의 통행을 위하여 공개된 장소로서 안정하고 원활한 교통을 확보할 필요가 있는 장소 ② 공장, 관공서, 학교, 사기업 등의 정문 안쪽 통행로와 같이 문, 차단기에 의해 도로와 차단되고 별도로 관리되는 장소 ③ 주차장 또는 주차선 안
64	음주운전 사고의 성립요건 (운전자의 과실)	① 음주한 상태로 자동차를 운전하여 일정거리를 운행한 때 ② 음주한계 수치가 0.03% 이상일 때 음주 측정에 불응한 경우

| 65 | 개문발차 사고의 성립요건 |

항목	내용	예외사항
자동차적 요건	승용, 승합, 화물, 건설기계 등 자동차에만 적용	이륜, 자전거 등은 제외
피해자적 요건	탑승객이 승·하차 중 개문된 상태로 발차하여 승객이 추락함으로써 인적피해를 입은 경우	적재되었던 화물이 추락하여 발생한 경우
운전자의 과실	차의 문이 열려 있는 상태로 발차(출발)한 경우	차량정차 중 피해자의 과실사고와 차량 뒤 적재함에서의 추락사고의 경우

번호	항목	내용
66	화물자동차 운수사업법의 목적	이 법은 화물자동차운수사업을 효율적으로 관리하고 건전하게 육성하여 화물의 원활한 운송을 도모함으로써 공공복리의 증진에 기여함을 목적으로 한다.
67	화물자동차소형 및 특수자동차의 중형배기량	① 소형화물자동차 : 최대적재량이 1톤 이하이거나 총중량이 3.5톤 이하인 것 ② 특수자동차 중형 : 총중량이 3.5톤 초과 10톤 미만인 것
68	화물자동차 덤프형	적재함을 원동기의 힘으로 기울여 적재물을 중력에 의하여 쉽게 미끄러뜨리는 구조의 화물운송용인 것
69	화물자동차 운송 주선사업	다른 사람의 요구에 의하여 유상으로 화물운송계약을 중개·대리하거나 화물자동차운송사업 또는 화물자동차운송 가맹사업을 경영하는 자의 화물 운송수단을 이용하여 자기의 명의와 계산으로 화물을 운송하는 사업을 말한다.
70	화물자동차 휴게소	화물자동차의 운전자가 화물의 운송 중 휴식을 취하거나 화물의 하역을 위하여 대기할 수 있도록 도로법에 따른 도로 등 화물의 운송경로나 물류시설의 개발 및 운영에 관한 법률에 따른 물류시설 등 물류거점에 휴게시설과 차량의 주차, 정비, 주유 등 화물운송에 필요한 기능을 제공하기 위하여 건설하는 시설물

71	화물자동차 운송사업의 종류	① 일반화물자동차 운송사업 : 20대 이상의 범위에서 20대 이상의 화물자동차를 사용하여 화물을 운송하는 사업 ② 개인화물자동차 운송사업 : 화물자동차 1대를 사용하여 화물을 운송하는 사업
72	화물자동차 운송사업의 결격사유	① 피성년후견인 및 피한정후견인 ② 파산선고를 받고 복권되지 아니한 자 ③ 화물자동차 운수사업법 위반으로 징역 이상 실형을 받고 그 집행이 끝나거나 집행이 면제된 날부터 2년이 지나지 아니한 자 ④ 화물자동차 운수사업법 위반으로 징역 이상의 형의 집행유예를 선고받고 그 유예기간 중에 있는 자 허가가 취소된 후 2년이 지나지 아니한 자 ⑤ 허가를 받은 후 6개월간의 운송실적이 국토교통부령으로 정하는 기준에 미달할 경우, 허가기준을 충족하지 못하게 된 경우, 5년마다 허가기준에 관한 사항을 신고하지 않았거나 거짓으로 신고한 경우 허가가 취소된 후 5년이 지나지 아니한 자 ⑥ 부정한 방법으로 허가를 받은 경우, 부정한 방법으로 변경허가를 받거나, 변경허가를 받지 아니하고 허가사항을 변경한 경우
73	화물자동차운송사업자 운임 및 요금의 신고에 대하여 필요한 사항	① 운임 및 요금 신고서 ② 원가계산서(행정기관에 등록한 원가계산기관 또는 공인회계사가 작성한 것) ③ 운임·요금표(구난형 특수자동차를 사용하여 고장차량·사고차량 등을 운송하는 운송사업의 경우에는 구난 작업에 사용하는 장비 등의 사용료를 포함) ④ 운임 및 요금의 신·구대비표(변경신고인 경우만 해당)
74	화물자동차운송사업자 운송약관	운송사업자는 운송약관을 정하여 국토교통부 장관에게 신고하여야 한다. 이를 변경하려는 때에도 또한 같다. 국토교통부장관은 신고 또는 변경신고를 받은 날부터 3일 이내에 신고수리여부를 통지하여야 한다.
75	운송사업자 책임 및 준수사항	화물의 멸실, 훼손, 인도의 지연(적재물 사고)으로 발생한 운송사업자의 손해배상책임에 관하여는 상법 제135조를 준용한다.
76	운송사업자 책임(법 제7조) 및 준수사항	손해배상 책임에 관하여 화주가 분쟁조정신청서 또는 화주가 분쟁조정을 요청하면 지체없이 그 사실을 확인하고 손해내용을 조사한 후 분쟁조정업무를 소비자기본법에 따른 한국소비자원 또는 같은 법에 따라 등록된 소비자단체에 위탁할 수 있다.
77	적재물 배상보험 등의 의무가입	① 최대적재량 5톤 이상이거나 총중량이 10톤 이상인 화물자동차 중 　㉠ 일반형, 밴형 및 특수용도형 화물자동차 　㉡ 견인형 특수자동차를 소유하고 있는 운송사업자 ② 국토교통부령으로 정하는 화물을 취급하는 운송주선사업자와 운송가맹사업자에 해당 화물자동차는 제외 　㉠ 건축폐기물, 쓰레기 등 경제적 가치가 없는 화물을 운송하는 화물자동차 　㉡ 배출가스 저감장치를 부착함에 따라 총중량이 10톤 이상이 된 화물자동차 중 최대 적재량이 5톤 미만인 화물자동차 　㉢ 특수용도형 화물자동차 중 자동차관리법에 따른 피견인자동차

78	적재물 배상책임보험 등의 가입 범위	적재물배상책임보험 또는 공제에 가입하려는 자는 사고 건당 각각 2천만 원(이사화물운송주선사업자는 500만 원) 이상의 금액을 지급할 책임을 지는 보험에 가입 ① 운송사업자 : 각 화물자동차별로 가입 ② 운송주선사업자 : 각 사업자별로 가입 ③ 운송가맹사업자 : 최대적재량이 5톤 이상이거나, 총중량이 10톤 이상인 화물자동차 중 일반형, 밴형 및 특수용도형 화물자동차와 견인형 특수자동차를 직접 소유한 자는 각 화물차별 및 각 사업자별로, 그 외에는 각 사업자별로 가입
79	적재물 배상책임보험 또는 공제에 가입하지 않은 사업자에 대한 과태료 부과기준	**화물자동차 운송사업자 : 미가입 화물자동차 1대당** ㉠ 가입하지 않은 기간이 10일 이내인 경우 : 15,000원 ㉡ 가입하지 않은 기간이 10일 초과한 경우 : 15,000원에 11일째부터 기산하여 1일당 5,000원을 가산한 금액 ㉢ 과태료 총액 : 자동차 1대당 50만 원을 초과하지 못한다. **화물자동차 운송주선사업자** ㉠ 가입하지 않은 기간이 10일 이내인 경우 : 30,000원 ㉡ 가입하지 않은 기간이 10일 초과한 경우 : 30,000원에 11일째부터 기산하여 1일당 10,000원을 가산한 금액 ㉢ 과태료 총액 : 100만원을 초과하지 못한다. **화물자동차 운송가맹사업자** ㉠ 가입하지 않은 기간이 10일 이내인 경우 : 150,000원 ㉡ 가입하지 않은 기간이 10일 초과인 경우 : 150,000원에 11일째부터 기산하여 1일당 5만 원을 가산한 금액 ㉢ 과태료 총액 : 자동차 1대당 500만 원을 초과하지 못한다.
80	화물자동차 운전자의 연령, 운전경력 등의 요건	① 화물자동차 운전에 적합한 도로교통법상의 운전면허소지자 ② 만 20세 이상일 것 ③ 운전경력 2년 이상일 것(여객 또는 화물자동차 운수사업용자동차 운전경력은 1년 이상일 것)
81	운송사업자의 준수사항	법 제2조 제3호 후단내용의 화물의 기준 화주가 화물자동차에 함께 탈 때의 화물은 중량, 용적, 형상 등이 여객 자동차 운송사업용 자동차에 싣기 부적합한 것으로서 그 기준 및 대상 차량 등은 국토교통부령으로 정한다.
82	업무개시명령	① 국토교통부 장관은 운송사업자나 운수종사자가 정당한 사유 없이 집단으로 화물운송을 거부하여 화물운송에 커다란 지장을 주어 국가경제에 매우 심각한 위기를 초래하거나 초래할 우려가 있다고 인정할만한 상당한 이유가 있으면 그 운송사업자 또는 운수종사자에게 업무개시를 명할 수 있다. ② 국토교통부 장관은 ①항에 따라 운송사업자 또는 운수종사자에게 업무개시를 명하려면 국무회의 심의를 거쳐야 한다. ③ 운송사업자 또는 운수종사자는 정당한 사유없이 ①항에 따른 업무개시명령을 거부할 수 없다.
83	화물자동차 운송사업자 과징금의 용도	① 화물터미널의 건설 및 확충 ② 공동차고지(사업자단체, 운송사업자 또는 운송가맹사업자가 운송사업자 또는 운송가맹사업자에게 공동으로 제공하기 위하여 설치하거나 임차한 차고지를 말한다)의 건설 및 확충 ③ 경영개선 그 밖에 화물에 대한 정보제공사업 등 화물자동차운수사업의 발전을 위하여 필요한 사항

84	화물자동차 운송사업의 허가가 취소되는 경우	국토교통부 장관은 운송사업자가 다음의 경우에 해당할 때 그 허가를 취소하거나, 6개월 이내의 기간을 정하여 그 사업의 전부 또는 일부의 정지를 명하거나 감차 조치를 명할 수 있다. 사업의 전부 또는 일부를 정지시킬 수 있는 최장 기간은 6개월이다. ① 부정한 방법으로 화물자동차운송사업의 허가를 받은 경우 ② 피성년후견인 또는 피한정후견인 ③ 파산선고를 받고 복권되지 아니한 자 ④ 화물자동차운수사업법을 위반하여 징역 이상의 실형을 선고받고 그 집행이 끝나거나 집행이 면제된 날부터 2년이 지나지 아니한 자 ⑤ 화물자동차운수사업법을 위반하여 징역 이상의 형의 집행유예를 선고받고 그 유예기간 중에 있는 자 ⑥ 화물자동차 교통사고와 관련하여 거짓이나 그 밖의 부정한 방법으로 보험금을 청구하여 금고 이상의 형을 선고받고 그 형이 확정된 경우
85	화물자동차운전 중 중대한 교통사고의 범위	① 교통사고처리특례법 제3조 제2항 단서(사고야기 도주, 피해자 유기 및 도주)의 규정에 해당하는 사유 ② 화물자동차의 정비 불량 ③ 화물자동차의 전복, 추락. 다만, 운수종사자에게 귀책사유가 있는 경우만 해당함 ④ 법 제19조 제2항에 따른 빈번한 교통사고는 사상자가 발생한 교통사고가 별표 1 제12호 나목에 따른 교통사고지수 또는 교통사고 건수에 이르게 된 경우로 한다. ㉠ 5대 이상의 차량을 소유한 운송사업자 : 해당 연도의 교통사고 지수가 3 이상인 경우 ㉡ 5대 미만의 차량을 소유한 운송사업자 : 해당 사고 이전 최근 1년 동안에 발생한 교통사고가 2건 이상인 경우 교통사고지수 = (교통사고 건수/화물자동차의 대수) × 10
86	화물자동차 운송주선사업의 허가기준	① 국토교통부 장관이 화물의 운송주선 수요를 감안하여 고시하는 공급기준에 맞을 것 ② 사무실의 면적 등 국토교통부령으로 정하는 기준에 맞을 것 사무실 : 영업에 필요한 면적. 다만, 관리사무소 등 부대시설이 설치된 민영 노외주차장을 소유하거나 그 사용계약을 체결한 경우에는 사무실을 확보한 것으로 본다.
87	운전적성 정밀검사기준 중 특별검사	다음 각 목의 어느 하나에 해당하는 자 ① 교통사고를 일으켜 사람을 사망하게 하거나 5주 이상의 치료가 필요한 상해를 입힌 사람 ② 과거 1년간 도로교통법 시행규칙에 따른 운전면허 행정처분기준에 따라, 산출된 누산점수가 81점 이상인 사람
88	화물운송종사 자격시험 · 교육	화물자동차운수사업의 운전업무에 종사할 수 있는 자격에 관한 시험과목 ① 교통 및 화물자동차운수사업 관련 법규 ② 화물취급요령 ③ 안전운행에 관한 사항 ④ 운송서비스에 관한 사항

89	화물운송종사 자격증명의 게시	운송사업자는 화물자동차운전자에게 화물운송종사자격증명을 화물자동차 밖에서 쉽게 볼 수 있도록 운전석 앞 창의 오른쪽 위에 항상 게시하고 운행하도록 하여야 한다.
90	화물자동차 운수사업의 지도·감독권자	국토교통부장관은 위임사항으로 시·도지사의 권한으로 정한 사무를 지도·감독한다.
91	3년 이하 징역 또는 3천만 원 이하 벌금(업무개시명령)	화물운송사업자 또는 운수종사자가 정당한 사유 없이 집단으로 화물운송을 거부하므로서 화물운송에 현저한 지장을 주어 국가경제에 심대한 위기를 초래하거나 초래할 우려가 있다고 인정할만한 상당한 이유가 있을 때에는 그 운송사업자 또는 운수종사자에게 업무개시를 명할 수 있다. 운송사업자 또는 운수종사자는 정당한 사유 없이 업무개시명령을 거부할 수 없다.
92	500만 원 이하의 과태료	① 화물운송종사 자격을 받지 아니하고 화물자동차운수사업의 운전업무에 종사한 자 ② 거짓이나 그 밖의 부정한 방법으로 화물운송종사 자격을 취득한 자
93	자동차관리법의 제정목적	① 자동차를 효율적으로 관리 ② 자동차의 성능 및 안전확보 ③ 공공복리증진
94	자동차 관리법의 적용이 제외되는 자동차(시행령 제2조)	① 건설기계관리법에 따른 건설기계 ② 농업기계화촉진법에 따른 농업기계 ③ 군수품관리법에 따른 차량 ④ 궤도 또는 공중선에 의하여 운행되는 차량 ⑤ 의료기기법에 따른 의료기기
95	자동차의 차령기산일	① 제작연도에 등록한 자동차 : 최초의 신규 등록일 ② 제작연도에 등록되지 아니한 자동차 : 제작연도의 말일
96	자동차의 종별구분		승용자동차	10인 이하를 운송하기에 적합하게 제작된 자동차
승합자동차	11인 이상을 운송하기에 적합하게 제작된 자동차
화물자동차	화물을 운송하기에 적합한 화물적재공간을 갖춘 자동차
특수자동차	다른 자동차를 견인하거나 구난작업 또는 특수한 작업을 수행하기에 적합하게 제작된 자동차로서 승용자동차·승합자동차 또는 화물자동차가 아닌 자동차
이륜자동차	총배기량 또는 정격출력의 크기와 관계없이 1인 또는 2인이 사람을 운송하기에 적합하게 제작된 이륜의 자동차 및 그와 유사한 구조로 되어 있는 자동차	
97	자동차 등록의 종류	① 신규등록 ② 변경등록 ③ 이전등록 ④ 말소등록
98	자동차 등록번호판	벌칙 : 자동차 소유자 또는 자동차 소유자에 갈음하여 자동차등록을 신청하는 자가 직접 자동차 등록번호판의 부착 또는 봉인을 하여야 하는 경우에 이를 이행하지 아니한 때 과태료 50만 원(시행령 별표2)
99	자동차 등록번호판	자동차 등록번호판을 가리거나 알아보기 곤란하게 하거나, 그러한 자동차를 운행한 경우 ① 1차 과태료 : 50만 원 ② 2차 과태료 : 150만 원 ③ 3차 과태료 : 250만 원 ※ 고의로 등록번호판을 가리거나 알아보기 곤란하게 한 자는 1년 이하의 징역 또는 1천만 원 이하의 벌금

100	변경등록	자동차 소유자는 자동차 등록원부의 기재사항에 변경(이전등록 및 말소등록에 해당되는 경우는 제외)이 있을 때에는 시·도지사에게 변경등록(30일 이내)을 신청하여야 한다.(단 경미한 경우에는 예외) **자동차 변경등록 사유가 발생한 날부터 30일 이내에 자동차의 변경등록신청을 하지 아니한 때** ① 신청기간 만료일부터 90일 이내인 때 : 과태료 2만원 ② 신청기간 만료일부터 90일 초과 174일 이내인 경우 : 2만 원에 91일째부터 계산하여 3일 초과시마다 과태료 1만원 ③ 신청 지연기간이 175일 이상인 경우 : 30만원
101	이전등록	① 등록된 자동차를 양수받는 자는 시·도지사에게 자동차 소유권의 이전등록을 신청하여야 한다. ② 자동차를 양수한 자가 다시 제3자에게 양도하려는 경우에는 양도 전에 자기명의로 이전등록을 하여야 한다(사유발생일로부터 15일 이내, 증여 : 20일 이내, 상속 : 6개월 이내). ③ 자동차를 양수한 자가 이전등록을 신청하지 아니한 경우에는 그 양수인에 갈음하여 양도자가 신청할 수 있다. ④ 이전등록을 신청 받은 시·도지사는 등록을 수리하여야 한다.
102	시·도지사가 직권으로 말소등록을 할 수 있는 경우	① 말소등록을 신청하여야 할 자가 신청하지 아니한 경우 ② 자동차의 차대(차대가 없는 경우 차체)가 자동차 등록원부상의 차대와 다른 경우 ③ 자동차 운행정지 명령에도 불구하고 해당 자동차를 계속 운행하는 경우 ④ 자동차를 폐차한 경우 ⑤ 속임수, 그 밖의 부정한 방법으로 등록된 경우
103	자동차의 튜닝	자동차 소유자가 국토교통부령으로 정하는 항목에 대하여 튜닝을 하려는 경우에는 시장·군수, 구청장의 승인을 받아야 한다. 시장, 군수, 구청장은 자동차의 튜닝 승인의 권한을 한국교통안전공단에 위탁한다.
104	자동차 검사	신규검사 : 신규등록을 하려는 경우 실시하는 검사 정기검사 : 신규등록 후 일정 기간마다 정기적으로 실시하는 검사 튜닝검사 : 자동차 튜닝(구조, 장치를 변경)한 경우 실시하는 검사 임시검사 : 자동차 관리법 또는 같은 법에 따른 명령이나 자동차소유자의 신청을 받아 비정기적으로 실시하는 검사

105 자동차 정기검사 유효기간

차종	비사업용 승용 및 피견인 자동차	사업용 승용 자동차	경형·소형의 승합 및 화물 자동차	사업용 대형 화물 자동차		중형 승합 자동차 및 사업용 대형 승합 자동차		그 밖의 자동차	
차령				2년 이하	2년 경과	8년 이하	8년 초과	5년 이하	5년 경과
유효기간	2년 (최초 4년)	1년 (최초 2년)	1년	1년	6개월	1년	6개월	1년	6개월

※ 자동차소유자가 천재지변 기타 부득이한 사유로 인하여 자동차 검사(정기검사, 튜닝검사, 임시검사)를 받을 수 없다고 인정될 때에는 그 기간을 연장하거나 자동차의 검사를 유예할 수 있다.

106	자동차 종합검사기간이 지난 자에 대한 독촉	자동차종합검사가 지난 자에 대한 독촉은 그 기간이 끝난 다음 날부터 10일 이내와 20일 이내에 각각 통지(검사기간이 지난 사실 등)하고 독촉한다.
107	자동차 정기검사나 종합검사를 받지 아니한 경우 과태료	① 검사 지연기간이 30일 이내인 경우 : 과태료 2만원 ② 검사 지연기간이 30일 초과 114일 이내인 경우 : 2만원에 31일째부터 계산하여 매 3일 초과 시마다 1만 원을 더한 금액 ③ 검사지연기간이 115일 이상인 경우 : 30만원 자동차 정기검사의 기간은 검사유효기간 만료일 전후 각각 31일 이내로 한다. 검사유효기간 만료일과 기간 만료일과는 다른 의미이다. 과태료 부과는 기간만료일부터 계산하여 부과된다.
108	자동차 종합검사 대상자	① 대기환경보전법에 따른 운행차 배출가스 정밀검사 시행지역에 등록된 자동차 소유자 ② 수도권대기환경개선에 관한 특별법에 따른 특정경유자동차 소유자는 정기검사와 배출가스 정밀검사를 통합하여 종합검사를 받아야 한다.
109	도로법의 제정목적	도로망의 계획수립, 도로 노선의 지정, 도로공사의 시행과 도로의 시설기준, 도로의 관리·보전 및 비용 부담 등에 관한 사항을 규정하여 국민이 안전하고 편리하게 이용할 수 있는 도로의 건설과 공공복리의 향상에 이바지함을 목적으로 한다.
110	도로법 제10조의 도로	① 고속국도 ② 일반국도 ③ 특별시도·광역시도 ④ 지방도 ⑤ 시도 ⑥ 군도 ⑦ 구도
111	차량의 운행제한	도로관리청이 운행을 제한할 수 있는 차량(자동차와 건설기계) ① 축하중이 10톤을 초과하거나 총중량이 40톤을 초과한 차량 ② 차량폭 2.5m, 높이 4.0m(고시한 도로노선 : 4.2m), 길이 16.7m를 초과하는 차량 ③ 도로구조의 보전과 통행의 안전에 지장이 있다고 인정하는 차량
112	적재량 측정 방해행위의 금지	① 차량의 운전자는 자동차의 장치를 조작하는 등 대통령령으로 정하는 방법으로 차량의 적재량 측정을 방해하는 행위를 하여서는 아니된다. ② 도로관리청은 차량의 운전자가 ①의 규정을 위반하였을 때는 재측정을 요구할 수 있다.(정당한 사유 없으면 그 요구에 따른다) ※ 벌칙 ① 차량의 적재량 측정을 방해한 자 ② 정당한 사유없이 도로관리청의 재측정 요구에 따르지 아니한 자 : 1년 이하의 징역이나 1천만 원 이하의 벌칙
113	자동차 전용도로의 지정	자동차전용도로를 지정할 때 관계 기관의 의견을 들어야 한다. ① 국토교통부장관 → 경찰청장 ② 특별(광역)시장, 도지사, 특별자치도지사 → 관할 지방경찰청장 ③ 특별자치시장·시장·군수 또는 구청장 → 관할 경찰서장
114	자동차전용도로의 통행방법	자동차전용도로에서는 차량만을 사용해서 통행하거나 출입하여야 한다. ※ 벌칙 : 차량을 사용하지 아니하고 자동차전용도로를 통행하거나 출입한 자 - 1년 이하의 징역이나 1천만 원 이하의 벌금(법 제115조 제2호)

115	대기환경보전법의 제정목적	대기오염으로 인한 국민건강 및 환경에 관한 위해를 예방하고, 대기환경을 적정하고 지속가능하게 관리·보전함으로써, 모든 국민이 건강하고 쾌적한 환경에서 생활할 수 있게 함을 목적으로 한다.
116	저공해 자동차의 운행 등(법 제58조)	다음 각 호의 어느 하나에 해당하는 조치를 하도록 명령하거나 조기에 폐차할 것을 권고할 수 있다. ① 저공해 자동차로의 전환 또는 개조 ② 배출가스 저감장치의 부착 또는 교체 및 배출가스 관련 부품의 교체 ③ 저공해엔진(혼소엔진 포함)으로의 개조 또는 교체 ※ 벌칙 : 명령을 이행하지 않은 경우 – 300만 원 이하의 과태료
117	자동차배출가스 공회전의 제한	자동차원동기 가동제한을 위반한 자동차의 운전자 ※ 벌칙 ① 1차 위반 : 5만 원 ② 2차 위반 : 5만 원 ③ 3차 이상 위반 : 5만 원
118	공회전의 제한장치 부착명령 대상차량	① 시내버스운송사업에 사용되는 자동차 ② 일반택시운송사업에 사용되는 자동차 ③ 화물자동차 운송사업에 사용되는 최대적재량이 1톤 이하인 밴형 화물자동차로서 택배용으로 사용되는 자동차
119	운행자의 수시점검	① 시행점검기관 : 환경부장관·특별시장·광역시장 또는 특별자치시장·특별자치도지사·시장·군수·구청장 ② 실시장소 : 도로나 주차장 등 ③ 자동차 운행자는 ①항에 따른 점검에 협조하여야 하며 이에 따르지 아니하거나 기피 또는 방해하여서는 아니 된다. ④ 벌칙 : 200만 원 이하의 과태료 부과
120	운행차 수시점검의 면제차	환경부장관·특별시장·광역시장 또는 특별자치시장·특별자치도지사·시장·군수·구청장은 다음에 해당하는 자동차에 대하여는 운행차시 수시점검을 면제할 수 있다. ① 환경부 장관이 정하는 저공해 자동차 ② 도로교통법에 따른 긴급자동차 ③ 군용 및 경호업무용 등 국가의 특수한 공용목적으로 사용되는 자동차

CHAPTER 02 문제

01 도로교통법령

01. 도로교통법상 도로에 해당하지 않는 것은?
① 아파트 단지 내에 설치된 도로
② 도로법에 따른 도로
③ 유료도로법에 따른 유료도로
④ 농어촌도로 정비법에 따른 농어촌 도로

해설 아파트 단지 내의 설치된 도로는 도로교통법상 도로에 포함되지 않는다.

02. 차도와 보도를 구분하는 돌 등으로 이어진 선을 의미하는 용어는?
① 차로   ② 차선
③ 차도   ④ 연석선

해설 차도와 보도를 구분하는 돌 등으로 이어진 선은 연석선이라 한다.

03. 도로교통법의 목적에 대한 설명으로 틀린 것은?
① 안전하고 원활한 교통의 확보
② 도로운송차량의 안정성 확보와 공공복리 증진
③ 도로에서 일어나는 교통상의 모든 위험과 장해의 방지 제거
④ 자동차의 효율적인 관리

해설 도로교통법과 자동차관리법의 차이이며, ④의 문항은 자동차관리법 등 제정목적에 해당된다.

04. 운전자가 차를 즉시 정지시킬 수 있는 느린 속도로 진행하는 것을 의미하는 용어는?
① 운행   ② 일시정지
③ 일단정지   ④ 서행

해설 운전자가 차를 즉시 정지시킬 수 있는 정도의 느린 속도로 진행하는 것을 서행이라 한다.

05. 보행자가 도로를 횡단할 수 있도록 안전표지로 표시한 도로의 부분을 의미하는 용어는?
① 횡단보도   ② 인도
③ 차도   ④ 보도

해설 보행자가 도로를 횡단할 수 있도록 안전표지로 표시한 도로의 부분은 횡단보도이다.

06. '十'자로, 'T'자로나 그 밖에 둘 이상의 도로가 교차하는 부분으로 맞는 것은?
① 교차로   ② 차선
③ 차도   ④ 보도

해설 '十'자로, 'T'자로나 그밖에 둘 이상의 도로가 교차하는 부분은 교차로이다.

07. 횡으로 나열했을 때 3색등화의 신호 순서로 맞는 것은?
① 녹색신호 – 황색신호 – 적색신호
② 황색신호 – 적색신호 – 녹색신호
③ 녹색신호 – 적색신호 – 녹색화살표신호
④ 황색신호 – 녹색신호 – 적색신호

해설 3색등화의 신호 순서는 '녹색(적색 및 녹색화살표) → 황색 → 적색'이다.

08. 보도와 차도가 구분되지 아니한 도로에서 보행자의 안전을 확보하기 위하여 안전표지 등으로 경계를 표시한 도로의 가장자리 부분을 의미하는 용어는?
① 횡단보도   ② 중앙선
③ 교차로(交叉路)   ④ 길 가장자리 구역

해설 보도와 차도가 구분되지 아니한 도로에서 보행자의 안전을 확보하기 위하여 안전표지 등으로 경계를 표시한 도로의 가장자리 부분은 길 가장자리 구역이다.

01. ① 02. ④ 03. ④ 04. ④ 05. ① 06. ① 07. ① 08. ④

09. 신호기의 적색 등화 시에 대한 설명으로 틀린 것은?

① 차마는 교차로의 직전에서 정지하여야 한다.
② 차마는 횡단보도 직전에서 정지하여야 한다.
③ 차마는 정지선이나 횡단보도가 있을 때에는 그 직전이나 교차로의 직전에 일시정지한 후 다른 교통에 주의하면서 진행할 수 있다.
④ 신호에 따라 진행하는 다른 차마의 교통을 방해하지 아니하고 우회전 할 수 있다.

해설 점멸시와 등화시에 대한 개념이 다르며 적색 등화의 점멸 시 차마는 정지선이나 횡단보도가 있을 때에는 그 직전이나 교차로의 직전에 일시정지한 후 다른 교통에 주의하면서 진행할 수 있다.

10. 버스 신호등에 대한 설명으로 틀린 것은?

① 황색의 등화 : 버스차로에 있는 차마는 정지선이 있거나 횡단보도가 있을 때에는 그 직전이나 교차로의 직전에 정지하여야 한다.
② 적색의 등화 : 버스전용차로에 있는 차마는 정지선, 횡단보도 및 교차로의 직전에서 정지하여야 한다.
③ 황색등화의 점멸 : 버스전용차로에 있는 차마는 다른 교통 또는 안전표지의 표시에 주의하면서 진행할 수 있다.
④ 녹색의 등화 : 버스전용차로에 있는 모든 차마는 직진할 수 있다.

해설 버스전용차로에 있는 차마는 직진할 수 있다가 올바른 표현이다.

11. 다음 중 교통안전표지 종류로 틀린 것은?

① 주의표지
② 도로안내표지
③ 지시표지
④ 규제표지

해설 안전표지의 종류에는 주의표지, 규제표지, 지시표지, 보조표지, 노면표시 등이 있다.

12. 다음 중 주의표지가 아닌 것은?

① 진입금지 ② 터널

③ 횡풍 ④ 중앙분리대 시작

해설 진입금지는 규제표지에 해당한다.

13. 차량신호등인 녹색등화에 대한 설명으로 틀린 것은?

① 차마는 직진 또는 우회전할 수 있다.
② 비보호 좌회전표지 또는 비보호 좌회전표시가 있는 곳에서는 좌회전 할 수 있다.
③ 버스전용차로에 있는 차마는 직진할 수 있다.
④ 차마는 화살표시 방향으로 진행할 수 있다.

해설 녹색화살표등화는 차량신호등으로 화살표시 방향으로 진행할 수 없다.

14. 다음 중 교통정리를 하고 있지 아니하는 교차로에서의 양보운전으로 틀린 것은?

① 교통정리를 하고 있지 아니하는 교차로에 들어가려고 하는 차의 운전자는 폭이 넓은 도로로부터 교차로에 들어가려고 하는 다른 차가 있을 때에는 그 차에 진로를 양보하여야 한다.
② 교통정리를 하고 있지 아니하는 교차로에 동시에 들어가려고 하는 차의 운전자는 우측도로의 차에 진로를 양보하여야 한다.
③ 교통정리를 하고 있지 아니하는 교차로에 들어가려고 하는 차의 운전자는 이미 교차로에 들어가 있는 다른 차가 있을 때에는 빠른 속도로 진입한다.
④ 교통정리를 하고 있지 아니하는 교차로에서 좌회전 하려고 하는 차의 운전자는 그 교차로에서 직진하거나 우회전하려는 다른 차가 있을 때에는 그 차에 진로를 양보하여야 한다.

정답 09. ③ 10. ④ 11. ② 12. ① 13. ④ 14. ③

해설 교통정리를 하고 있지 않는 교차로에 들어가려고 하는 차의 운전자는 이미 교차로에 들어가 있는 다른 차가 있을 때에는 빠른 속도로 진입해서는 안되며 양보운전을 해야 한다.

15. 다음 중 지시표지가 아닌 것은?

①    ②

③    ④

해설 "지시표지"가 아니고, "규제표지" 중의 하나이므로 정답은 ④번이다.

16. 편도 2차로 고속도로에서의 최고속도로 맞는 것은?
① 매시 80km   ② 매시 90km
③ 매시 100km   ④ 매시 120km

해설 편도 2차로 이상 고속도로의 최고속도는 매시 100km이다.

17. 다음 중 틀린 설명은?
① 일시정지는 차 또는 노면전차가 즉시 정지할 수 있는 느린 속도로 진행하는 것이다.
② 교통정리를 하고 있지 아니하는 교차로에 들어가려고 하는 경우 그 차가 통행하고 있는 도로의 폭보다 교차하는 도로의 폭이 넓은 경우에는 서행한다.
③ 차량신호등이 황색의 등화인 경우 차마는 정지선이 있거나 횡단보도가 있을 때에는 그 직전이나 교차로의 직전에 정지한다.
④ 모든 차의 운전자는 신호기 등이 표시하는 신호가 없는 철길 건널목을 통과하려는 경우에는 철길 건널목 앞에서 일시정지한다.

해설 일시정지는 차 또는 노면전차가 즉시 정지할 수 있는 느린 속도로 진행하는 것이다.

18. 고속도로 외의 도로에서 차로에 따른 통행차의 기준으로 맞는 것은?
① 오른쪽 차로 : 승용자동차 및 경형·소형·중형 승합자동차
② 왼쪽 차로 : 적재중량이 1.5톤 이하인 화물차
③ 왼쪽 차로 : 대형 승합자동차, 화물자동차, 특수자동차, 건설기계, 이륜자동차, 원동기장치자전거
④ 오른쪽 차로 : 대형 승합자동차, 화물자동차, 특수자동차, 건설기계, 이륜자동차, 원동기장치자전거

해설 통행차의 기준 : 중앙선을 기준으로 왼쪽 차로 - 승용자동차 및 경형·소형·중형 승합자동차, 중앙선을 기준으로 오른쪽 차로 - 대형 승합자동차, 화물자동차, 특수자동차, 건설기계, 이륜자동차, 원동기장치자전거로 규정되어 있다.

19. 정비불량차에 해당한다고 인정하는 차가 운행되고 있는 경우에 경찰공무원은 차를 정지시키고 장치를 점검할 수 있는데 이 때 경찰공무원이 지시할 수 없는 것은?
① 정비불량차의 운전자로 하여금 응급조치를 하게 한 후에 운전을 하도록 한다.
② 도로 또는 교통 상황을 고려하여 통행구간, 통행로와 위험 방지를 위한 필요한 조건을 정한 후 그에 따라 운전을 계속하게 할 수 있다.
③ 정비 상태가 매우 불량한 경우 자동차의 운전을 멈추고 원동기장치자전거를 구매하도록 한다.
④ 정비 상태가 매우 불량하여 위험 발생의 우려가 있는 경우 자동차등록증을 보관하고 일시정지를 명할 수 있다.

해설 경찰공무원은 원동기장치자전거의 구매를 지시할 수 없다.

20. 화물자동차 운행상의 안전기준으로 적재중량은 구조 및 성능에 따르는 적재중량의 몇 %에 해당하는가?
① 적재중량의 110% 이내
② 적재중량의 115% 이내
③ 적재중량의 100% 이내
④ 적재중량의 130% 이내

해설 "적재중량의 110% 이내"가 운행상 안전기준에 적합하다.

21. 다음 중 제1종 대형면허로 운전할 수 있는 차량으로 맞는 것은?

① 구난차   ② 대형견인차
③ 소형견인차   ④ 아스팔트살포기

해설 제1종 대형면허 : 아스팔트살포기
제1종 특수면허 : 대형견인차, 소형견인차, 구난차

22. 서행의 의미와 서행하여야 하는 장소에 대한 설명으로 틀린 것은?

① 차가 즉시 정지할 수 있는 느린 속도로 진행하는 것을 의미한다.
② 교통정리를 하고 있지 아니하는 교차로 또는 비탈길의 고갯마루 부근
③ 도로가 구부러진 부근 또는 가파른 비탈길의 내리막
④ 어린이가 보호자 없이 도로를 횡단할 때 또는 어린이가 도로에서 놀이를 할 때 등

해설 어린이가 보호자 없이 도로를 횡단할 때 또는 어린이가 도로에서 놀이를 할 때 등은 "일시정지를 이행해야 할 장소"이다.

23. 다음 중 제1종 보통면허로 운전할 수 없는 차량으로 맞는 것은?

① 승차정원 16인 이하의 승합자동차
② 적재중량 12톤 미만의 화물자동차
③ 원동기장치자전거
④ 구난차 등을 제외한 총중량 10톤 미만의 특수자동차

해설 제1종 보통면허로 승차정원 15인 이하의 승합자동차를 운전할 수 있다.

24. 위험물 등을 운반하는 적재중량 3톤 이하 또는 적재용량 3천 리터 이하의 화물자동차 운전자가 가지고 있어야 하는 면허의 종류로 맞는 것은?

① 제1종 소형면허   ② 제1종 보통면허
③ 제1종 특수면허   ④ 제2종 보통면허

해설 위험물 등을 운반하는 적재중량 3톤 이하 또는 적재용량 3천 리터 이하의 화물자동차 운전자는 제1종 보통면허가 있어야 운전을 할 수 있다.

25. 교차로 또는 그 부근에서 긴급자동차가 접근하는 경우에 차마와 노면전차의 피양하는 방법에 대한 설명으로 맞는 것은?

① 일방통행으로 된 도로에서는 우측이나 좌측의 마음 편한대로 피하여 정지한다.
② 차로로 계속 주행한다.
③ 교차로를 피하여 도로의 좌측 가장자리로 진로를 양보한다.
④ 교차로를 피하여 도로의 우측 가장자리에 일시정지하여야 한다.

해설 교차로를 피하여 도로의 우측 가장자리에 일시정지하여야 한다.

26. 제1종 대형 운전면허 시험에 응시할 수 있는 연령과 경력에 대한 설명으로 맞는 것은?

① 18세 이상
② 20세 이상, 경력 1년 이상
③ 20세 이상
④ 19세 이상, 경력 1년 이상

해설 '19세 이상, 경력 1년 이상'의 응시자격이 부여된다.

27. 정비불량차에 해당한다고 인정하는 차가 운행되고 있는 경우 그 차를 정지시켜 점검할 수 있는 관계 공무원에 해당하는 사람은?

① 구청 단속공무원   ② 정비사자격증소지자
③ 정비책임자   ④ 경찰공무원

해설 정비불량차에 해당한다고 인정하는 차가 운행되고 있는 경우 그 차를 정지시켜 점검할 수 있는 관계 공무원은 경찰공무원이다.

28. 무면허운전 금지 규정을 위반하여 자동차 등을 운전하다가 사람을 사상한 후 구호조치 및 사고 발생에 따른 신고를 하지 아니한 경우의 응시기간 제한으로 맞는 것은?

① 그 취소된 날부터 4년
② 그 위반한 날부터 5년
③ 그 위반한 날부터 6년
④ 그 취소된 날부터 7년

정답 21. ④ 22. ④ 23. ① 24. ② 25. ④ 26. ④ 27. ④ 28. ②

해설 무면허운전 금지 규정에 위반하여 자동차 등을 운전하다가 사람을 사상한 후 구호조치 및 사고 발생에 따른 신고를 하지 아니한 경우의 응시기간 제한은 그 위반한 날부터 5년이다.

29. 다음 중 운전면허증을 발급받을 수 있는 사람으로 맞는 것은?
① 정신질환자
② 두 눈이 안 보이는 자
③ 미성년자
④ 양쪽 눈 시력이 1.0 이상이고 색깔 구분을 할 수 있는 자

해설 양쪽 눈 시력이 1.0 이상이고 색깔 구분을 할 수 있는 자는 운전면허증을 발급받을 수 있다.

30. 음주운전 금지·음주측정거부 등 술에 취한 상태에서 운전을 하다가 2회 이상 교통사고를 일으킨 경우의 응시 제한기간에 대한 설명으로 맞는 것은?
① 그 위반한 날부터 3년
② 운전면허가 취소된 날부터 2년
③ 운전면허가 취소된 날부터 3년
④ 그 위반한 날부터 5년

해설 응시 제한기간에 대한 설명은 운전면허가 취소된 날부터 3년이다.

31. 운전면허가 취소된 날부터 2년의 응시제한 기간의 위반사항으로 틀린 것은?
① 경찰공무원의 음주운전 여부 측정을 2회 이상 위반하여 운전면허가 취소된 경우
② 음주운전 금지 규정을 위반하여 교통사고를 일으켜 운전면허가 취소된 경우
③ 다른 사람의 자동차 등을 훔치거나 빼앗은 경우
④ 공동 위험행위의 금지를 3회 이상 위반하여 운전면허가 취소된 경우

해설 공동 위험행위의 금지를 2회 이상 위반하여 운전면허가 취소된 경우가 응시제한에 해당된다.

32. 혈중알코올농도 0.03% 이상 0.08% 미만 상태에서 운전한 때의 벌점으로 맞는 것은?
① 100점　② 90점
③ 70점　④ 60점

해설 벌점 100점에 해당하는 경우
• 혈중알코올농도 0.03% 이상 0.08% 미만 상태에서 운전한 때
• 보복운전을 하여 입건된 때
• 속도위반 100km/h 초과

33. 도로교통법상의 술에 취한 상태의 기준에 대한 설명으로 맞는 것은?
① 혈중알코올농도 : 0.07% 이상으로 한다.
② 혈중알코올농도 : 0.06% 이상으로 한다.
③ 혈중알코올농도 : 0.03% 이상으로 한다.
④ 혈중알코올농도 : 0.05% 이상~0.1%이다.

해설 혈중알코올농도 : 0.03% 이상이 술에 취한 상태이다.

34. 승용차 운전자가 어린이나 영유아를 태우고 있다는 표시를 하고 도로를 통행하는 어린이 통학버스를 앞지르기한 경우 몇 점의 벌점이 부과되는가?
① 15점　② 20점
③ 30점　④ 45점

해설 승용차 운전자가 어린이나 영유아를 태우고 있다는 표시를 하고 도로를 통행하는 어린이 통학버스를 앞지르기한 경우 어린이 통학버스 특별보호 위반으로 30점의 벌점이 부과된다.

35. 승용자동차가 속도위반(60km/h 초과)을 하였을 때 범칙금액에 대한 설명으로 맞는 것은?
① 10만 원　② 11만 원
③ 12만 원　④ 13만 원

해설 속도위반(60km/h 초과)을 하였을 때의 범칙금액 : 승용자동차는 12만원

29. ④　30. ③　31. ④　32. ①　33. ③　34. ③　35. ③

36. 어린이 보호구역 및 노인·장애인보호구역에서의 범칙행위 및 범칙금액에 대한 설명으로 틀린 것은?

① 승합자동차 등 : 신호지시 위반·횡단보도 보행자 횡단방해 – 14만 원(승용자동차 등 13만 원)
② 승용자동차 등 : 60km/h 초과 – 15만 원
   승합자동차 등 : 40km/h 초과 60km/h 이하 – 13만원
③ 승합자동차 등 : 주차금지 위반, 정차·주차 방법 위반 등 – 8만원
④ 승합자동차 : 통행금지위반, 제한위반 – 9만원

해설 승합자동차 등 : 신호지시 위반·횡단보도 보행자 횡단방해 – 13만원(승용자동차 등 12만원)

37. 교통법규 위반 시 "벌점 100점에 해당하는 것"으로 맞는 것은?

① 승객의 차내 소란행위 방치 운전
② 속도위반(60km/h 초과)
③ 공동 위험행위로 형사입건된 때
④ 혈중알코올농도 0.05% 이상 0.1% 미만 시 운전한 때

해설 벌점 40점은 ①, ③ 문항이며, ②의 벌점은 60점이며 혈중알코올농도 0.05% 이상 0.1% 미만 시 운전한 때 벌점은 100점이다.

02 교통사고처리특례법

01. 차의 교통으로 인하여 사람을 사상하거나 물건을 손괴하는 것을 의미하는 용어는?

① 추락사고   ② 교통사고
③ 전복사고   ④ 안전사고

해설 차의 교통으로 인하여 사람을 사상하거나 물건을 손괴하는 것을 교통사고라 한다.

02. 다음 중 교통사고 발생 시 도주에 해당하는 것은?

① 피해자를 병원까지만 후송하고 계속 치료를 받을 수 있는 조치 없이 도주한 경우
② 가해자 및 피해자 일행 또는 경찰관이 환자를 후송 조치하는 것을 보고 연락처를 주고 가버린 경우
③ 교통사고 가해운전자가 심한 부상을 입어 타인에게 의뢰하여 피해자를 후송 조치한 경우
④ 피해자가 부상 사실이 없거나 극히 경미하여 구호 조치가 필요치 않는 경우

해설 피해자를 병원까지만 후송하고 계속 치료를 받을 수 있는 조치 없이 도주한 경우는 도주에 해당된다.

03. 다음 중 교통사고에 의한 사망사고에 대한 설명으로 틀린 것은?

① 교통사고에 의한 사망은 교통사고가 주된 원인이 되어 교통사고 발생 시부터 30일 이내에 사람이 사망한 사고이다.
② 사망사고는 그 피해의 중대성과 심각성으로 말미암아 사고차량이 보험이나 공제에 가입되어 있더라도 이를 반의사불벌죄의 예외로 규정하여 형법 제268조에 따라 처벌한다.
③ 도로교통법령상 교통사고 발생 후 72시간 내에 사망하면 벌점 90점이 부과된다.
④ 교통사고 발생 후 48시간이 경과된 후에 사망한 경우는 사망사고가 아니다.

해설 교통사고가 주된 원인이 되어 교통사고 발생 시부터 30일 이내에 사람이 사망한 사고는 교통사고에 의한 사망사고에 해당한다.

04. 차의 운전자가 업무상 과실 또는 중대한 과실로 인하여 사람을 사상에 이르게 한 운전자의 벌칙으로 맞는 것은?

① 2년 이상의 징역 또는 500만 원 이상의 벌금
② 5년 이하의 금고 또는 2천만 원 이하의 벌금
③ 2년 이하의 금고 또는 500만 원 이하의 벌금
④ 5년 이하의 징역 또는 2천만 원 이하의 벌금

해설 차의 운전자가 업무상 과실 또는 중대한 과실로 인하여 사람을 사상에 이르게 한 운전자의 범칙금은 5년 이하의 금고 또는 2천만 원 이하의 벌금에 처벌하도록 규정되어 있다.

05. 자동차·원동기장치자전거의 교통으로 인하여 피해자를 사망에 이르게 하고 도주하거나, 도주 후에 피해자가 사망한 경우 가중처벌의 벌칙으로 맞는 것은?

정답 36. ① 37. ④ / 01. ② 02. ① 03. ④ 04. ②

① 3년 이상의 유기징역에 처다.
② 1년 이상의 유기징역 또는 500만 원 이상 3천만 원 이하의 벌금에 처다.
③ 무기 또는 3년 이하의 징역에 처다.
④ 무기 또는 5년 이상의 징역에 처다.

해설 자동차 · 원동기장치자전거의 교통으로 인하여 피해자를 사망에 이르게 하고 도주하거나, 도주 후에 피해자가 사망한 경우 가중처벌의 벌칙은 무기 또는 5년 이상의 징역에 처다.

06. 다음 중앙선침범사고 중 교통사고처리특례법상 특례 적용이 배제되는 것으로 맞는 것은?
① 횡단보도에서의 추돌사고로 중앙선을 침범한 사고
② 빗길에 과속으로 운행하다가 미끄러지며 중앙선을 침범한 사고
③ 내리막길 주행 중 브레이크 파열 등 정비불량으로 중앙선을 침범한 사고
④ 뒤차의 추돌로 앞차가 밀리면서 중앙선을 침범한 사고

해설 불가항력적 중앙선침범사고로 교통사고처리특례법상 반의사불벌죄 특례가 적용되는 것이며 빗길에 과속으로 운행시 미끄러지며 중앙선을 침범한 사고는 교통사고처리 특례법상 특례적용이 되지 않는다.

07. 다음 중 교통사고처리특례법상 특례 적용이 배제되는 과속사고로 틀린 것은?
① 비 · 안개 · 눈 등으로 인한 악천후 시 감속운행 기준에서 20km/h를 초과한 경우
② 고속도로(일반도로 포함)나 자동차전용도로에서 제한속도 20km/h를 초과한 경우
③ 속도제한표지판 설치 구간에서 제한속도 20km/h를 초과한 경우
④ 제한속도 20km/h 초과 차량에 충돌되어 대물 피해만 입은 경우

해설 과속차량(20km/h 초과)에 충돌되어 인적 피해를 입은 경우 교통사고처리특례법상 특례 적용이 배제되며, 대물 피해만 입은 경우에는 특례가 적용된다.

08. 다음 중 무면허 운전에 해당되는 경우로 틀린 것은?
① 유효기간이 지난 운전면허증으로 운전하는 경우
② 외국인으로 입국하여 1년이 지난 국제운전면허증을 소지한 자가 운전한 경우
③ 위험물을 운반하는 화물자동차가 적재중량 3톤을 초과함에도 제1종 보통운전면허로 운전한 경우
④ 면허 취소처분을 받은 자가 다시 면허를 취득한 후 운전하는 경우

해설 면허 취소처분을 받은 자가 다시 면허를 취득한 후 운전하는 경우에는 무면허에 해당되지 않는다.

09. 신호위반에 대한 설명이 아닌 것은?
① 황색신호 전에 교차로에 진입한 후 황색신호에 교차로를 통과한 경우
② 주의(황색) 신호에 무리한 진입
③ 사전출발 신호위반
④ 신호 무시하고 진행한 경우

해설 황색신호에 이미 교차로에 진입하여 운행 중인 경우는 신호위반이 아니므로 신속히 통과해야 한다.

10. 신호 · 지시 위반사고의 성립요건에 대한 설명으로 틀린 것은?
① 장소적 요건 : 신호기가 설치되어 있는 교차로나 횡단보도, 경찰관 등의 수신호
② 운전자 과실 : 고의적 과실, 부주의에 의한 과실
③ 피해자적 요건 : 신호 · 지시 위반 차량에 충돌되어 대물피해를 입은 경우
④ 시설물의 설치요건 : 특별시장, 광역시장 또는 시장, 군수가 설치한 신호기나 안전표지

해설 피해자적 요건 : 신호 · 지시 위반 차량에 충돌되어 대물피해를 입은 경우는 피해자적 과실의 예외사항에 해당된다.

11. 중앙선 침범이 성립되지 않는 사고에 대한 설명이다. 중앙선 침범에 해당되는 사고로 맞는 것은?
① 황색실선이나 점선의 중앙선이 설치되어 있는 도로에서 중앙선을 침범한 사고
② 중앙선의 도색이 마모되었을 경우 중앙 부분을 넘어서 난 사고
③ 전반적으로 또는 완전하게 중앙선이 마모되어 식별이 곤란한 도로에서 중앙 부분을 넘어서 발생한 사고

05. ④ 06. ② 07. ④ 08. ④ 09. ① 10. ③

④ 중앙선을 침범한 동일방향 앞차를 뒤따르다가 그 차를 추돌한 사고의 경우

해설 황색실선이나 점선의 중앙선이 설치되어 있는 도로에서 중앙선을 침범한 사고는 중앙선 침범에 해당된다.

12. 교통사고처리특례법상 중앙선 침범 적용사고로 형사입건되는 요건이다. 공소권 없는 사고로 처리되는 것은?

① 고의적 유턴, 회전 중 중앙선 침범 사고, 중앙선을 침범하거나 걸친 상태로 계속 진행한 경우 등
② 현저한 부주의로 인한 중앙선 침범 사고(커브길 과속으로 중앙선 침범, 차내 잡담 등 부주의로 인한 중앙선 침범 등)
③ 의도적 U턴, 회전 중 중앙선 침범 사고
④ 사고피양 급제동으로 인한 중앙선 침범

해설 사고피양 급제동으로 인한 중앙선 침범은 공소권 없는 사고로 처리된다.

13. 중앙선 침범이 적용되는 사례에 대한 설명으로 틀린 것은?

① 제한 속력 내 운행 중 미끄러지며 중앙선을 침범한 경우
② 중앙선을 침범하거나 걸친 상태로 계속 진행한 경우와 황색점선으로 된 중앙선을 넘어 회전 중 발생한 사고 또는 앞지르기 하던 중 발생한 사고
③ 오던 길로 되돌아가기 위해 유턴(U)하며 중앙선을 침범한 경우
④ 앞지르기 위해 중앙선을 넘어 진행하다 다시 진행 차로로 들어오는 경우

해설 제한속력 내 운행 중 미끄러지며 중앙선을 침범한 경우에는 중앙선 침범 적용에 해당되지 않는다.

14. 경찰에서 사용 중인 속도추정방법에 대한 설명으로 틀린 것은?

① 운전자의 진술   ② 운행기록계
③ 목격자의 진술   ④ 제동 흔적, 스피드건

해설 목격자의 진술은 증거능력이 부족하며 객관적이지 않다.

15. 도로교통법과 교통사고처리특례법상의 과속의 개념에 대한 설명으로 틀린 것은?

① 도로교통법에서 규정된 지정속도를 초과한 경우를 말한다.
② 도로교통법에서 규정된 법정속도를 초과한 경우를 말한다.
③ 교통사고처리특례법상의 과속은 도로교통법에 규정된 법정속도를 20km/h 초과된 경우를 말한다.
④ 교통사고처리특례법상의 과속은 도로교통법에 규정된 지정속도를 30km/h 초과된 경우를 말한다.

해설 교통사고처리특례법상의 과속은 법정 및 지정속도를 20km/h를 초과한 경우를 말한다.

16. 앞지르기 방법, 금지 위반사고의 성립요건에서 운전자의 과실 중 앞지르기 금지 위반행위로 틀린 것은?

① 앞지르기 금지장소에서의 앞지르기
② 병진 시 앞지르기 또는 앞차의 좌회전 시 앞지르기, 실선의 중앙선 침범 앞지르기
③ 위험방지를 위한 정지·서행 시 앞지르기
④ 우측 앞지르기 또는 2개 차로 사이로 앞지르기

해설 우측 앞지르기 또는 2개 차로 사이로 앞지르기는 앞지르기 방법 위반행위에 해당된다.

17. 횡단보도 보행자 보호의무 위반사고의 요건에 대한 설명으로 틀린 것은?

① 장소적 요건 : 횡단보도 내
② 피해자적 요건 : 횡단보도를 건너던 보행자가 자동차에 충돌되어 인적 피해를 입은 경우
③ 운전자의 과실 : 횡단보도 전에 정지한 차량을 추돌, 앞차가 밀려나가 보행자를 충돌한 경우
④ 시설물 설치요건 : 아파트 단지나 학교, 군부대 등 특정구역 내부의 소통과 안전을 목적으로 자체 설치된 경우

해설 아파트 단지나 학교, 군부대 등 특정구역 내부의 소통과 안전을 목적으로 자체 설치된 경우는 시설물 설치요건의 예외사항에 해당된다. 횡단보도는 지방경찰청장이 설치한 횡단보도이어야 한다.

18. 횡단보도에서 이륜차와 사고 발생 시 결과에 대한 조치로 틀린 것은?

① 이륜차를 타고 횡단보도 통행 중 사고 : 이륜차를 보행자로 볼 수 없고 제차로 간주하여 처리 - 안전운전 불이행 적용
② 이륜차를 끌고 횡단보도 보행 중 사고 : 보행자로 간주 - 보행자 보호의무 위반 적용
③ 이륜차를 타고 가다 멈추고 한 발은 페달에, 한 발을 노면에 딛고 서있던 중 사고 : 보행자로 간주 - 보행자 보호의무 위반 적용
④ 이륜차를 끌고 횡단보도 보행 중 사고 : 제차로 간주 - 보행자 보호 의무 위반 적용

해설 이륜차를 끌고 횡단보도 보행 중 사고 : 제차로 간주 - 보행자 보호 의무 위반 적용에서 제차로 간주는 틀리고, 보행자로 간주가 맞는 표현이다.

19. 철길 건널목 통과방법 위반사고 성립요건에서 운전자의 과실에 대한 설명으로 예외사항에 해당되는 것은?

① 안전미확인 통행 중 사고
② 철길 건널목 직전 일시정지 불이행
③ 고장 시 승객대피, 차량이동 조치 불이행
④ 신호기 등이 표시하는 신호에 따르는 때에는 일시정지하지 아니하고 통과하는 행위

해설 신호기 등이 표시하는 신호에 따르는 때에는 일시정지하지 아니하고 통과하는 행위는 철길 건널목의 안전한 통행방법으로 예외사항에 해당된다.

20. 무면허운전에 해당되지 않는 것은?

① 시험합격 후 면허증 교부 전 운전하는 경우
② 유효기간이 지난 면허증으로 운전한 경우
③ 면허 취소처분을 받은 자가 운전하는 경우
④ 면종종별에 맞게 차량을 운전하는 경우

해설 면종종별에 맞게 차량을 운전하는 경우는 무면허운전에 해당되지 않는다.

21. 도로교통법에서 정한 음주기준(혈중알코올농도)에 대한 설명으로 맞는 것은?

① 도로교통법에서 혈중알코올농도 0.03% 이상
② 도로교통법에서 혈중알코올농도 0.05% 이상
③ 도로교통법에서 혈중알코올농도 0.10% 이상
④ 도로교통법에서 혈중알코올농도 0.12% 이상

해설 도로교통법에서 정한 음주기준은 "혈중알코올농도 0.03% 이상"이다.

22. 승객추락 방지의무 위반사고에 대한 사례 중 적용배제 사례로 맞는 것은?

① 택시의 경우 목적지에 도착하여 승객 자신이 출입문을 개폐 도중 사고가 발생한 경우
② 개문 당시 승객의 손이나 발이 끼어 사고 난 경우
③ 택시의 경우 승하차 시 출입문 개폐는 승객 자신이 하게 되어 있으므로, 승객 탑승 후 출입문을 닫기 전에 출발하여 승객이 지면으로 추락한 경우
④ 개문발차로 인한 승객의 낙상사고의 경우

해설 택시의 경우 목적지에 도착하여 승객 자신이 출입문을 개폐 도중 사고가 발생한 경우는 적용배제 사례에 해당된다.

23. 승객추락 방지의무 위반사고의 요건에 대한 설명으로 틀린 것은?

① 자동차적 요건 : 이륜차, 자전거 등도 적용된다.
② 자동차적 요건 : 승용, 승합, 화물, 건설기계 등 자동차에만 적용한다.
③ 피해자적 요건 : 탑승객이 승ㆍ하차 중 개문된 상태로 발차하여 승객이 추락함으로써 인적 피해를 입은 경우
④ 운전자 과실 : 차의 문이 열려 있는 상태로 발차한 행위

해설 이륜차(오토바이), 자전거 등은 적용 대상에서 제외된다.

24. 길가의 건물이나 주차장 등에서 도로에 들어가고자 하는 때에 운전자가 취할 운전방법으로 맞는 것은?

① 일시정지 후 진입
② 안전확인 후 진입
③ 서행 후 진입
④ 일단 정지 후 진입

해설 길가의 건물이나 주차장 등에서 도로에 들어가고자 하는 때 운전방법은 "일단 정지 후 진입"이 맞는 방법이다.

03 화물자동차운수사업법령

01. 다른 사람의 요구에 응하여 화물자동차를 사용하여 화물을 운송하는 사업은 무엇인가?
① 화물자동차운송사업
② 화물자동차운수사업
③ 화물자동차운송주선사업
④ 화물자동차운송가맹사업

해설 다른 사람의 요구에 응하여 화물자동차를 사용하여 화물을 유상으로 운송하는 사업은 화물자동차운송사업이다.

02. 화물자동차운수사업법령에서 규정하고 있는 사업으로 틀린 것은?
① 화물자동차운송사업
② 화물자동차운송가맹사업
③ 화물자동차운송주선사업
④ 화물자동차운송관리사업

해설 화물자동차운수사업법령에서 규정하고 있는 사업의 종류에는 화물자동차운송사업, 화물자동차운송주선사업, 화물자동차운송가맹사업이 있으며 화물자동차운송관리사업은 해당되지 않는다.

03. 화물자동차 규모별 종류 및 세부기준에 대한 설명으로 틀린 것은?
① 경형: 배기량 1,000cc 미만, 길이 3.6m, 너비 1.6m, 높이 2.0m 이하인 것
② 소형: 최대적재량 1톤 이하인 것, 총중량 3.5톤 이상인 것
③ 중형: 최대적재량 1톤 초과 5톤 미만이거나, 총중량 3.5톤 초과 10톤 미만인 것
④ 대형: 최대적재량 5톤 이상, 총중량 10톤 이상인 것

해설 소형화물자동차는 최대적재량 1톤 이하이며, 총중량 3.5톤 이하이다.

04. 다음 중 화물자동차운송사업의 허가권자는?
① 국토교통부장관
② 시·도지사
③ 행정안전부장관
④ 한국교통안전공단이사장

해설 화물자동차운송사업을 경영하려는 자는 국토교통부장관의 허가를 받아야 한다.

05. 화물자동차운수사업법상 운송사업자의 허가사항 변경 신고 대상으로 틀린 것은?
① 상호의 변경
② 영업소 이전
③ 화물자동차의 대폐차
④ 운송자의 변경

해설 화물자동차운송사업자의 허가사항 변경신고 대상
• 상호의 변경
• 대표자의 변경(법인인 경우만 해당)
• 화물취급소의 설치 또는 폐지
• 화물자동차의 대폐차
• 주사무소·영업소 및 화물취급소의 이전

06. 화물자동차운송가맹사업자가 허가사항에 대하여 변경 신고를 해야 하는 경우로 틀린 것은?
① 상호의 변경
② 법인인 경우 대표자의 변경
③ 화물취급소의 설치 또는 폐지
④ 화물자동차의 대폐차

해설 상호의 변경은 화물자동차운송사업자의 변경신고 대상이다.

07. 화물자동차운송사업을 경영하려는 자가 위임된 경우 허가를 받아야 할 관청으로 맞는 것은?
① 국토교통부장관
② 시장·군수
③ 행정안전부장관
④ 시·도지사

해설 허가는 국토교통부장관이나, 위임사항으로 "시·도지사"에 해당된다.

정답 01. ① 02. ④ 03. ② 04. ① 05. ④ 06. ① 07. ④

PART 01 교통 및 화물 관련 법규

08. 화물운송종사자격증 발급기관으로 옳은 것은?
① 한국교통안전공단 ② 화물운송사업협회
③ 시·도지사 ④ 행정안전부

해설 화물운송종사자격증은 한국교통안전공단에서 발급한다.

09. 화물의 적재물 사고의 규정을 적용할 때 화물의 인도기한이 지난 후 몇 개월 이내에 인도되지 않으면 멸실된 것으로 보는가?
① 1개월 이내 ② 2개월 이내
③ 3개월 이내 ④ 4개월 이내

해설 인도기한이 지난 후 3개월 이내에 인도되지 아니하면 멸실된 것으로 본다.

10. 화물운송종사자격증 재발급 시 필요한 서류로 맞는 것은?
① 화물운송종사자격증명, 사진 1장
② 화물운송종사자격증, 사진 1장
③ 화물운송종사자격증, 운전면허증 사본 1부
④ 화물운송종사자격증명, 운전면허증 사본 1부

해설 화물운송종사자격증 재발급 신청 : 화물운송자격증 재발급 신청서를 작성하여 화물운송종사자격증, 사진 1장을 첨부하여 한국교통안전공단 또는 협회에 제출

11. 사업용 화물자동차를 과거 2년 동안 운전할 때 2회 이상 위반한 경력이 있는 경우, 책임보험계약 등을 공동으로 체결할 수 있는 경우로 틀린 것은?
① 무면허운전 등의 경우
② 술에 취한 상태에서의 운전금지
③ 사고발생 시 조치의무
④ 보험회사가 보험업법에 따라 허가를 받거나 신고한 적재물배상 보험요율과 책임준비금 산출기준에 따라 손해배상을 담보하는 것으로 판단한 경우

해설 보험회사가 보험업법에 따라 허가를 받거나 신고한 적재물배상 보험요율과 책임준비금 산출기준에 따라 손해배상을 담보하는 것이 "현저히 곤란하다고 판단한 경우"

12. 화물자동차 운송사업자가 적재물배상 책임보험 또는 공제에 가입하지 않은 경우에 대한 과태료 부과 기준에 대한 설명으로 틀린 것은?
① 가입하지 않은 기간이 10일 이내인 경우 : 1만 5천 원
② 가입하지 않은 기간이 10일을 초과한 경우 : 1만 5천 원에 11일째부터 기산하여 1일당 5천 원을 가산한 금액
③ 과태료의 총액 : 자동차 1대당 50만 원을 초과하지 못한다.
④ 과태료의 총액 : 자동차 1대당 100만 원을 초과할 수 있다.

해설 과태료의 총액은 자동차 1대당 50만 원을 초과하지 못한다.

13. 화물자동차 운송주선사업자가 적재물배상 책임보험 또는 공제에 가입하지 않은 경우 과태료에 대한 설명으로 틀린 것은?
① 가입하지 않은 기간이 10일 이내인 경우 : 3만 원
② 가입하지 않은 기간이 10일을 초과한 경우 : 3만 원에 11일째부터 기산하여 1일당 1만 원을 가산한 금액
③ 과태료의 총액 : 100만 원을 초과할 수 있다.
④ 과태료의 총액 : 100만 원을 초과하지 못한다.

해설 과태료의 총액은 100만 원을 초과할 수 없다.

14. 보험회사 등은 자기와 책임보험계약 등을 체결하고 있는 보험 등 의무가입자에게 그 계약이 끝난다는 사실을 통지하는 기간으로 맞는 것은?
① 그 계약종료일 15일 전까지 그 계약이 끝난다는 사실을 알려야 한다.
② 그 계약종료일 22일 전까지 그 계약이 끝난다는 사실을 알려야 한다.
③ 그 계약종료일 30일 전까지 그 계약이 끝난다는 사실을 알려야 한다.
④ 그 계약종료일 35일 전까지 그 계약이 끝난다는 사실을 알려야 한다.

해설 보험회사 등은 자기와 책임보험계약 등을 체결하고 있는 보험 등 의무가입자에게 그 계약이 끝난다는 사실을 통지하는 기간은 그 계약종료일 30일 전까지 그 계약이 끝난다는 사실을 알려야 한다.

08. ① 09. ③ 10. ② 11. ④ 12. ④ 13. ③ 14. ③

15. 보험회사 등은 자기와 책임보험계약 등을 체결한 보험 등 의무가입자가 그 계약이 끝난 후 새로운 계약을 체결하지 아니하면 그 사실을 지체 없이 알려야 하는데 위임된 경우 신고하여야 할 자는?

① 국토교통부장관 ② 시장·군수·구청장
③ 행정안전부장관 ④ 시·도지사

해설 "시·도지사"에게 위임되어 있다.

16. 화물자동차 운전자는 화물운송종사자격증명을 화물자동차 밖에서 쉽게 볼 수 있도록 어디에 게시하여야 하는가?

① 운전석 앞창의 오른쪽 위
② 운전석 앞창의 왼쪽 위
③ 운전석 앞창의 중간 위
④ 운전석 앞창의 오른쪽 아래

해설 화물자동차 운전자는 화물운송종사자격증명을 화물자동차 밖에서 쉽게 볼 수 있도록 운전석 앞창의 오른쪽 위에 항상 게시하고 운행해야 한다.

17. 화물자동차 운수종사자의 준수사항에 대한 설명으로 틀린 것은?

① 정당한 사유 없이 화물을 중도에서 내리게 하거나, 화물 운송을 거부하는 행위
② 부당한 운임 또는 요금을 요구하거나 받는 행위, 일정한 장소에 오랜 시간 정차하여 화주를 호객(呼客)하는 행위
③ 문을 완전히 닫지 아니한 상태에서 자동차를 출발시키거나 운행하는 행위
④ 고장 및 사고차량 등 화물의 운송과 관련하여 자동차관리사업자와 부정한 금품을 주지도 않고 받지도 않는 행위

해설 "주지도 않고 받지도 않는 행위"는 정당한 업무행위이고, 준수사항으로는 "부정한 금품을 주고받는 행위"가 해당된다.

18. 화물운송종사자격이 취소되는 경우로 틀린 것은?

① 화물운송사업 종사자격증을 다른 사람에게 빌려준 경우
② 화물 운송 중 고의나 과실로 교통사고를 일으켜 사람을 사망하게 한 경우
③ 혈중알코올농도 0.03% 이상 0.08% 미만 상태에서 운전한 때
④ 화물자동차를 운전할 수 있는 도로교통법에 따른 운전면허가 취소된 경우

해설 혈중알코올농도 0.03% 이상 0.08% 미만 상태에서 운전한 때는 도로교통법령 위반으로 운전면허 정지 및 벌점 100점에 해당한다.

19. 운수종사자가 정당한 사유 없이 집단으로 화물운송을 거부한 경우의 벌칙으로 맞는 것은?

① 5년 이하의 징역 또는 2천만 원 이하의 벌금
② 3년 이하의 징역 또는 3천만 원 이하의 벌금
③ 1년 이하의 징역 또는 1천만 원 이하의 벌금
④ 500만 원 이하의 과태료

해설 3년 이하의 징역 또는 3천만 원 이하의 벌금
• 운수종사자가 정당한 사유 없이 집단으로 화물운송을 거부한 경우
• 거짓이나 부정한 방법으로 보조금을 교부받은 자
• 보조금 지급 정지를 위반하는 행위에 가담하였거나 이를 공모한 주유업자

20. 시·도지사가 화물자동차 운송사업의 허가를 반드시 취소하여야 하는 위반사항으로 틀린 것은?

① 부정한 방법으로 화물자동차 운송사업허가를 받은 경우
② 화물자동차 운수사업법을 위반하여 징역 이상의 형의 집행유예를 선고받고 그 유예기간 중에 있는 자
③ 화물자동차 소유대수가 2대 이상인 운송사업자가 영업소 설치허가를 받지 아니하고 주사무소 외의 장소에서 상주하여 영업한 경우
④ 화물자동차 교통사고와 관련하여 거짓이나 그 밖의 부정한 방법으로 보험금을 청구하여 금고 이상의 형을 선고받고 그 형이 확정된 경우

해설 화물자동차 소유대수가 2대 이상인 운송사업자가 영업소 설치허가를 받지 아니하고 주사무소 외의 장소에서 상주하여 영업한 경우에는 6개월 이내의 기간을 정하여 그 사업의 전부 또는 일부의 정지를 명령하거나 감차 조치를 명할 수 있다.

정답 15. ④ 16. ① 17. ④ 18. ③ 19. ② 20. ③

21. 화물자동차 운수사업법에서 중대한 교통사고 등의 범위에 대한 설명으로 틀린 것은?

① 사고 화물자동차의 신호위반 교통사고로 중상
② 피해자를 구호하는 등의 조치를 하지 아니하고 도주한 경우
③ 화물자동차의 전복(顚覆) 또는 추락, 다만 운수종사자에게 귀책사유가 있는 경우만 해당한다.
④ 5대 미만의 차량을 소유한 운송사업자 : 해당 사고 이전 최근 1년 동안에 발생한 교통사고가 2건 이상인 경우

해설 화물자동차의 신호위반 교통사고로 중상은 중대한 교통사고 등의 범위에 해당되지 않는다.

22. 화물운송종사자격증을 받지 않고 화물자동차운수사업의 운전 업무에 종사한 자에게 부과하는 과태료의 범위로 맞는 것은?

① 200만 원 이하의 과태료
② 300만 원 이하의 과태료
③ 500만 원 이하의 과태료
④ 1천만 원 이상의 과태료

해설 500만 원 이하의 과태료
- 화물운송종사자격증을 받지 않고 화물자동차운수사업의 운전 업무에 종사한 자
- 거짓이나 그 밖의 부정한 방법으로 화물운송종사자격을 취득한 자

23. 화물자동차 운수사업의 운전업무에 종사할 수 있는 자의 요건에 대한 설명으로 틀린 것은?

① 연령이 20세 이상일 것
② 화물자동차를 운전하기에 적합한 도로교통법에 따른 운전면허를 가지고 있을 것
③ 운전적성에 대한 정밀검사(신규검사)는 면접검사와 신체검사로 한다.
④ 운수사업용 자동차 운전경력은 1년이며, 이외의 자동차 운전경력은 2년이다.

해설 화물자동차 운수사업의 운전업무 종사자격은 운전적성에 대한 정밀검사기준에 맞아야 한다.

24. 화물운송 종사자격을 반드시 취소하여야 하는 위반사유이다. 취소사유에 해당되지 않는 것은?

① 거짓이나 그 밖의 부정한 방법으로 화물운송 종사자격을 취득한 경우
② 업무개시명령을 위반한 자나, 화물운송 중에 고의나 과실로 교통사고를 일으켜 사람을 사망하게 하거나 다치게 한 경우
③ 화물운송 종사자격증을 다른 사람에게 빌려준 경우와 화물운송 종사자격 정지기간 중에 화물자동차 운수사업의 운전업무에 종사한 경우
④ 화물자동차 교통사고와 관련하여 거짓이나 그 밖의 부정한 방법으로 보험금을 청구하여 금고 이상의 형을 선고받고 그 형이 확정된 경우

해설 업무개시명령을 위반한 자나, 화물운송 중에 고의나 과실로 교통사고를 일으켜 사람을 사망하게 하거나 다치게 한 경우에는 반드시 취소사유가 아니다.

25. 화물운송 종사자가 국토교통부장관의 업무개시 명령을 정당한 사유 없이 거부한 경우의 효력정지처분기준으로 맞는 것은?

① 1차 : 자격정지 20일, 2차 : 자격 취소
② 1차 : 자격정지 30일, 2차 : 자격 취소
③ 1차 : 자격정지 20일, 2차 : 자격정지 30일
④ 1차 : 자격정지 20일, 2차 : 자격정지 40일

해설 정당한 사유 없이 업무개시 명령을 거부한 자는
1차 : 자격정지 30일, 2차 : 자격 취소

26. 화물운송 중에 고의나 과실로 교통사고를 일으켜 사람을 사망하게 하거나 다치게 한 경우의 효력정지 처분에 대한 기준으로 틀린 것은?

① 사망자 4명 이상 : 자격 취소
   사망자 1명 및 중상자 3명 이상 : 자격정지 90일
② 사망자 2명 이상 : 자격 취소
   사망자 1명 또는 중상자 6명 이상 : 자격정지 60일
③ 사망자 2명 이상 : 자격취소
④ 사망자 3명 이상 : 자격취소

해설 사망자 3명 이상 : 자격 취소 규정은 없다.

21. ① 22. ③ 23. ③ 24. ② 25. ② 26. ④

27. 화물운송 종사자격시험의 운전적성정밀검사에 대한 설명으로 틀린 것은?
① 정밀검사기준에 맞는지에 관한 검사는 기기형 검사와 필기형 검사로 구분한다.
② 신규검사 : 화물운송 종사자격증을 취득하려는 사람(자격시험 실시일을 기준으로 3년 이내에 신규검사의 적합 판정을 받은 사람은 제외)
③ 자격유지검사 : 신규검사 또는 유지검사의 적합 판정을 받은 사람으로서 해당 검사를 받은 날부터 2년이 지난 후 재취업하려는 사람
④ 특별검사 : 교통사고를 일으켜 사람을 사망 또는 5주 이상의 치료가 필요한 상해를 입힌 사람과 과거 1년간 운전면허행정처분기준에 따라 산출된 누산점수가 81점 이상인 사람

해설 자격유지검사 : 신규검사 또는 유지검사의 적합 판정을 받은 사람으로서 해당 검사를 받은 날부터 3년 지난 후이다.

28. 화물자동차 운전자가 화물운송 종사자격증명을 반납할 경우 그 반납 기관은?
① 연합회　　② 협회
③ 구청장　　④ 시장

해설 협회에 반납해야 한다.

29. 운송사업자는 화물운송 종사자격증명을 반납하여야 할 사유가 있다. 그 사유로 틀린 것은?
① 협회 : 퇴직한 화물자동차 운전자의 명단을 협회에 제출하는 경우
② 협회 : 화물자동차 운송사업의 휴업 또는 폐업을 협회에 신고를 하는 경우
③ 관할관청 : 사업의 양도·양수 신고를 관할 관청에 신고하는 경우
④ 관할관청 : 화물운송 종사자격증명을 반납받았을 때에는 그 사실을 연합회에 통지하여야 한다.

해설 관할관청은 화물운송 종사자격증명을 반납받았을 때에는 그 사실을 협회에 통지하여야 한다.

30. 운수사업자가 설립한 협회의 사업에 대한 설명으로 틀린 것은?
① 운수사업의 건전한 발전과 운수사업자의 공동이익을 도모하는 사업
② 화물자동차 운수사업의 진흥 및 발전에 필요한 통계의 작성 및 관리, 국내자료의 수집·조사 및 연구사업
③ 경영자와 운수종사자의 교육훈련 또는 화물자동차 운수사업의 경영개선을 위한 지도
④ 화물자동차 운수사업법에서 협회의 업무로 정한 사항 또는 국가나 지방자치단체로부터 위탁받은 업무

해설 화물자동차 운수사업의 진흥 및 발전에 필요한 통계의 작성 및 관리, 외국 자료의 수집·조사 및 연구시설이 올바른 표현이다.

31. 자가용 화물자동차의 소유자 또는 사용자는 그 자동차를 유상으로 제공 또는 임대하기 위하여 신고하여야 하는데 그 신고관청으로 맞는 것은?
① 시·도지사　　② 행정안전부장관
③ 기획재정부장관　　④ 국토교통부장관

해설 자가용 화물자동차의 소유자 또는 사용자는 그 자동차를 유상으로 제공 또는 임대하기 위하여 신고하여야 하는 신고관청은 시·도지사이다.

32. 운수종사자의 교육을 주관하고 실시할 수 있는 관할 관청에 해당되는 것은?
① 연합회　　② 시·도지사
③ 시장·군수　　④ 협회 등

해설 운수종사자의 화물운송서비스 증진 등을 위하여 필요하다고 인정되면 시·도지사는 운수종사자 교육을 실시할 수 있다.

33. 자가용 화물자동차 유상운송 허가사유에 해당하는 경우이지만 허가를 받지 아니하고 자가용 화물자동차를 유상으로 운송에 제공하거나 임대한 경우 그 자동차의 사용을 제한 또는 금지할 수 있는 기간으로 맞는 것은?

정답　27. ③　28. ②　29. ④　30. ②　31. ①　32. ②

① 3개월 이내의 기간 ② 4개월 이내의 기간
③ 5개월 이내의 기간 ④ 6개월 이내의 기간

해설 6개월 이내의 기간을 정하여 자동차 사용을 제한이나 금지할 수 있다.

34. 신고한 운송주선약관을 준수하지 않은 경우와 허가증에 기재되지 않은 상호를 사용하다가 위반된 경우 과징금으로 맞는 것은?

① 일반화물자동차 운송사업자 : 30만 원
② 개별화물자동차 운송사업자 : 15만 원
③ 용달화물자동차 운송사업자 : 15만 원
④ 화물운송주선사업자 : 20만 원

해설 화물운송주선사업자에게만 과징금이 20만 원이 부과된다.

35. 차고지와 지방자치단체의 조례로 정하는 시설 및 장소가 아닌 곳에서 밤샘 주차한 경우의 과징금 부과 기준에 대한 설명으로 틀린 것은?

① 일반화물자동차 운송사업자 : 20만 원
② 용달화물자동차 운송사업자 : 10만 원
③ 개인화물자동차 운송사업자 : 10만 원
④ 화물자동차 운송가맹사업자 : 20만 원

해설 용달화물자동차 운송사업자는 과징금 부과가 없다.

36. 화주로부터 부당한 운임 및 요금의 환급을 요구받고 환급하지 않은 경우 부과되는 과징금으로 틀린 것은?

① 일반화물자동차 운송사업자 : 60만 원
② 개인화물자동차 운송사업자 : 30만 원
③ 일반화물자동차 운송사업자 : 70만 원
④ 화물자동차 운송가맹사업자 : 60만 원

해설 일반화물자동차 운송사업자는 60만 원의 과징금이 부과된다.

37. 화물자동차 운전자에게 차 안에 화물운송 종사자격증을 게시하지 아니하고 운행하게 하다 위반된 경우 과징금으로 틀린 것은?

① 일반화물자동차 운송사업자 : 10만 원
② 개인화물자동차 운송사업자 : 5만 원
③ 화물자동차 운송가맹사업자 : 10만 원
④ 화물운송주선사업자 : 10만 원

해설 화물운송주선사업자는 과징금 부과가 없다.

38. 운송사업자 또는 운수종사자가 정당한 사유 없이 집단으로 화물운송을 거부하였을 때 업무개시를 명령할 수 있다. 이를 위반 시 벌칙으로 맞는 것은?

① 3년 이하의 징역 또는 3천만 원 이하의 벌금에 처한다.
② 1년 이하의 징역 또는 2천만 원 이하의 벌금에 처한다.
③ 2년 이하의 징역 또는 2천만 원 이하의 벌금에 처한다.
④ 3년 이하의 징역 또는 1천만 원 이하의 벌금에 처한다.

해설 운송사업자 또는 운수종사자가 정당한 사유 없이 집단으로 화물운송을 거부하였을 때의 벌칙은 3년 이하의 징역 또는 3천만 원 이하의 벌금에 처한다.

04 자동차관리법령

01. 자동차관리법의 목적으로 틀린 것은?

① 자동차의 등록, 안전기준, 자기인증, 자동차 제작 결함 시정
② 자동차 점검 및 정비, 자동차검사 및 자동차 관리 사업 등
③ 자동차를 효율적으로 관리하고 자동차의 성능 및 안전을 확보하여 공공복리를 증진
④ 도로에서 자동차의 원활한 소통

해설 도로에서 자동차의 원활한 소통은 도로교통법 제정 목적이다.

02. 2020년 제작된 차를 2020년 4월 23일에 구매해서 2021년 1월 15일 신규등록을 하였을 경우 차령기산일로 맞는 것은?

① 2020년 12월 31일　② 2020년 4월 23일
③ 2021년 1월 15일　④ 2021년 12월 31일

해설 제작연도에 등록되지 않은 자동차는 제작연도의 말일이 차령기산일이다.

03. 사람 또는 화물의 운송 여부에 관계없이 자동차를 그 용법에 따라 사용하는 것을 의미하는 것은?

① 주행　② 서행
③ 운전　④ 운행

해설 사람 또는 화물의 운송 여부에 관계없이 자동차를 그 용법(用法)에 따라 사용하는 것은 운행을 말한다.

04. 종합검사를 받은 경우에 검사를 받은 것으로 인정하는 검사로 틀린 것은?

① 정기검사　② 신규검사
③ 정밀검사　④ 특정경유자동차검사

해설 종합검사를 받은 경우 정기검사, 정밀검사, 특정경유자동차검사를 받은 것으로 본다.

05. 자동차관리법상 내부의 특수한 설비로 인하여 승차인원이 10인 이하로 된 자동차는?

① 승용자동차　② 승합자동차
③ 화물자동차　④ 특수자동차

해설 내부의 특수한 설비로 인하여 승차인원이 10인 이하로 된 자동차는 승차인원에 관계없이 승합자동차이다.

06. 고의로 자동차 등록번호판을 가리거나 알아보기 곤란하게 한 자의 벌칙에 대한 설명으로 맞는 것은?

① 1년 이하의 징역 또는 1,000만 원 이하의 벌금에 처한다.
② 2년 이하의 징역 또는 1,000만 원 이하의 벌금에 처한다.
③ 1년 6월의 징역 또는 1,000만 원 이하의 벌금에 처한다.
④ 2년 이하의 징역 또는 2,000만 원 이하의 벌금에 처한다.

해설 고의로 자동차 등록번호판을 가리거나 알아보기 곤란하게 한 자는 1년 이하의 징역 또는 1,000만 원 이하의 벌금이 부과된다.

07. 자동차등록번호판을 가리고 운행한 경우 1차 과태료로 맞는 것은?

① 50만 원　② 70만 원
③ 100만 원　④ 200만 원

해설 자동차등록번호판을 가리고 운행한 경우 과태료는 50만 원이다.

08. 자동차의 변경등록 사유가 발생한 날부터 며칠 이내에 변경등록신청을 하여야 하는가?

① 15일 이내 신청　② 20일 이내 신청
③ 30일 이내 신청　④ 90일 이내 신청

해설 자동차등록령
제22조(변경등록 신청) ① 변경등록은 그 사유가 발생한 날부터 30일 이내에 등록관청에 신청하여야 한다.

09. 승합자동차는 11인 이상을 운송하기에 적합하게 제작된 자동차를 말하는데 승차인원과 관계없이 승합자동차로 보는 경우가 있다. 다음 설명으로 틀린 것은?

① 내부의 특수한 설비로 인하여 승차인원이 10인 이하로 된 자동차
② 경형자동차로서 승차정원이 10인 이하인 전방조종자동차
③ 배기량 1,000cc 미만, 길이 3.6m, 너비 1.6m, 높이 2m 이하인 승차정원이 10인 이하인 전방조종자동차
④ 경형자동차로서 승차정원이 10인 이상인 전방조종자동차

해설 경형자동차로서 승차정원이 10인 이상이 아니라 10인 이하이다.

정답　02.①　03.④　04.②　05.②　06.①　07.①　08.③　09.④

PART 01 교통 및 화물 관련 법규

10. 자동차 정기검사의 검사기간으로 틀린 것은?
① 사업용 승용자동차 : 1년(최초 2년)
② 비사업용 승용 및 피견인자동차 : 1년(최초 2년)
③ 경형·소형의 승합 및 화물자동차 : 1년
④ 사업용 대형화물자동차 2년 이하 : 1년

해설 비사업용 승용 및 피견인자동차 : 2년(최초 4년)

11. 자동차 정기(종합)검사는 검사 유효기간의 마지막 날 전·후 며칠 이내로 검사를 받아야 하는가?
① 검사 유효기간 마지막 날 전·후 각각 30일 이내로 한다.
② 검사 유효기간의 마지막 날 전·후 각각 31일 이내로 한다.
③ 검사 유효기간 마지막 날 전 31일 이내로 한다.
④ 검사 유효기간 마지막 날 후 31일 이내로 한다.

해설 자동차 종합검사를 받아야 하는 기간은 검사 유효기간 마지막 날 전·후 각각 31일 이내로 한다.

12. 자동차 정기(종합)검사를 받지 아니한 경우에 부과되는 과태료로 틀린 것은?
① 검사지연기간이 30일 이내인 때 : 4만 원
② 검사지연기간이 30일 초과 114일 이내인 경우 : 2만 원에 31일째부터 계산하여 3일 초과 시마다 2만원을 더한 금액
③ 검사 지연기간이 115일 이상인 경우 : 60만 원
④ 검사 지연기간이 115일 이상인 경우 : 30만 원

해설 2022년 4월 14일 개정된 내용이다.

13. 자동차의 튜닝 중 국토교통부령으로 정하는 것을 변경하려는 경우 승인을 받아야 할 위탁기관으로 맞는 것은?
① 시장·군수·구청장 ② 시·도지사
③ 한국교통안전공단 ④ 특별(광역)시장 등

해설 원칙은 시장·군수·구청장의 승인을 받도록 규정되어 있으나 승인 권한을 한국교통안전공단에 위탁하였다.

14. 자동차 검사에 대한 설명으로 틀린 것은?
① 신규검사 : 신규등록을 하려는 경우 실시하는 검사
② 정기검사 : 신규등록 후 일정기간마다 정기적으로 실시하는 검사로 한국교통안전공단 검사장에서만 이 자동차 검사를 하고 있다.
③ 튜닝(구조변경)검사 : 자동차의 구조 및 장치를 변경한 경우에 실시하는 검사
④ 임시검사 : 자동차관리법 또는 자동차관리법에 따른 명령이나 자동차 소유자의 신청을 받아 비정기적으로 실시하는 검사

해설 한국교통안전공단 검사장만이 자동차 검사를 하는 것은 아니고, 정기검사나 종합검사는 한국교통안전공단의 검사장과 민간지정정비사업자(정비공장)도 대행할 수 있다.

15. 자동차 소유권 이전등록에 대한 설명으로 틀린 것은?
① 등록된 자동차를 양수받은 자는 시·도지사에게 자동차 소유권 이전 등록을 하여야 한다.
② 자동차를 양수한 자가 다시 제3자에게 양도하려는 경우에는 양도 전에 자기명의로 이전등록을 하여야 한다.
③ 자동차를 양수한 자가 소유권 이전 등록을 신청하지 아니한 경우에는 그 양수인을 갈음하여 양도자가 이전등록을 시·도지사에게 등록을 수리하지 않아도 된다.
④ 자동차를 양수한 자가 소유권 이전 등록을 신청하지 아니한 경우에는 그 양수인을 갈음하여 양도자가 이전등록을 신청할 수 있다.

해설 자동차를 양수한 자가 소유권 이전 등록을 신청하지 아니한 경우에는 그 양수인을 갈음하여 양도자가 이전등록을 시·도지사에게 등록을 수리하여야 한다.

16. 여객자동차 운수사업법 또는 화물자동차 운수사업법에 따라 면허·등록·인가 또는 신고가 실효되거나 취소된 경우 등 말소등록을 신청하여야 한다. 이를 위반했을 때 과태료로 틀린 것은?
① 신청 지연기간이 10일 이내인 경우 : 과태료 5만 원
② 신청 지연기간이 10일 초과 54일 이내인 경우 : 5만 원에서 11일째부터 계산하여 1일마다 1만 원을 더한 금액

10. ② 11. ② 12. ④ 13. ③ 14. ② 15. ③

③ 신청 지연기간이 55일 이상인 경우 : 50만 원
④ 신청 지연기간이 55일 이상인 경우 : 100만 원

해설 여객자동차 운수사업법 또는 화물자동차 운수사업법에 따라 면허·등록·인가 또는 신고가 실효되거나 취소된 경우 등 말소등록을 신청하여야 한다. 이를 위반했을 때 과태료는 50만 원이 부과된다.

17. 다음 중 차령이 2년 초과인 사업용 대형화물자동차의 종합검사 유효기간으로 맞는 것은?
① 6개월 ② 1년
③ 2년   ④ 3년

해설 차령이 2년 초과인 사업용 대형화물자동차의 종합검사 유효기간은 6개월이다.

18. 자동차 소유자가 종합검사 실시 결과 부적합 판정을 받아 재검사를 받으려는 경우 필요한 것이 아닌 것은?
① 자동차 등록증   ② 자동차종합검사 결과표
③ 자동차보험가입증명   ④ 자동차기능 종합진단서

해설 자동차보험가입증명은 해당사항이 없다.

05 도로법령

01. 다음 중 도로법에서 다루는 내용으로 틀린 것은?
① 도로의 관리·보전   ② 도로망의 계획 수립
③ 도로 노선의 지정   ④ 자동차 종합검사

해설 도로법은 도로망의 계획 수립, 도로 노선의 지정, 도로공사의 시행과 도로의 시설 기준, 도로의 관리·보전 및 비용 부담 등에 관한 사항을 규정하여 국민이 안전하고 편리하게 이용할 수 있는 도로의 건설과 공공복리의 향상에 이바지함을 목적으로 한다.

02. 도로법에서 정한 도로 종류 또는 대통령령으로 정하는 시설 도로 부속물에 대한 설명으로 틀린 것은?
① 차도·보도·자전거도로 및 측도
② 도선장 및 도선의 교통을 위하여 수면에 설치하는 시설
③ 옹벽·배수로·길도랑·지하통로 및 무넘기 시설
④ 터널·교량·지하도 및 육교·해당 시설에 설치된 엘리베이터는 도로 부속물에 포함되지 않는다.

해설 터널·교량·지하도 및 육교·해당 시설에 설치된 엘리베이터는 도로 부속물에 포함된다.

03. 다음 중 도로 등급의 순위로 맞는 것은?
① 고속국도 → 특별시도·광역시도 → 일반국도 → 지방도
② 고속국도 → 일반국도 → 특별시도·광역시도 → 지방도
③ 일반국도 → 고속국도 → 특별시도·광역시도 → 지방도
④ 일반국도 → 고속국도 → 지방도 → 특별시도·광역시도

해설 도로 등급은 '고속국도 → 일반국도 → 특별시도·광역시도 → 지방도 → 시도 → 군도 → 구도'의 순이이다.

04. 차량의 구조나 적재화물의 특수성으로 인하여 제한차량 운행허가 신청서에 첨부하여야 하는 서류로 틀린 것은?
① 차량검사증 또는 차량등록증
② 구조물 통과 하중 계산서
③ 원가계산서
④ 차량 중량표

해설 운행허가 신청서에 첨부해야 하는 서류는 차량검사증 또는 차량등록증, 차량 중량표, 구조물 통과 하중 계산서이다.

05. 도로교통망의 중요한 축(軸)을 이루며 주요 도시를 연결하는 도로로서 국토교통부장관이 자동차 전용의 고속교통에 사용되는 도로 노선을 정하여 지정·고시한 도로의 명칭으로 맞는 것은?
① 고속국도   ② 자동차 전용도로
③ 일반국도   ④ 특별 및 광역시도

해설 도로교통망의 중요한 축(軸)을 이루며 주요 도시를 연결하는 도로로서 국토교통부장관이 자동차 전용의 고속교통에 사용되는 도로 노선을 정하여 지정·고시한 도로의 명칭은 고속국도이다.

06. 도로의 보전 및 공용부담에서 도로에 관한 금지행위에 대한 설명으로 틀린 것은?
① 도로 공사현장에서 작업을 하는 사람
② 도로에 토석(土石), 입목(立木), 죽(竹) 등 장애물을 쌓아 놓은 행위
③ 도로를 파손(破損)하는 행위
④ 그 밖에 도로의 구조나 교통에 지장을 주는 행위

해설 도로 공사현장에서 작업을 하는 사람은 도로에 관한 금지행위에 해당되지 않는다.

07. 도로관리청은 도로 구조를 보전하고 도로에서의 차량 운행으로 인한 위험을 방지하기 위하여 자동차와 건설기계의 운행을 제한할 수 있는데 다음 중 틀린 것은?
① 축하중(軸荷重)이 10톤을 초과하거나 총중량이 40톤을 초과하는 차량
② 차량의 폭이 2.5m, 높이가 4.0m, 길이가 16.7m를 초과하는 차량
③ 도로관리청이 특히 도로구조의 보전과 통행의 안전에 지장이 있다고 인정하는 차량
④ 도로구조의 보전과 통행의 안전에 지장이 없다고 도로관리청이 인정하여 고시한 도로노선의 경우에는 4m를 초과하는 차량

해설 도로구조의 보전과 통행의 안전에 지장이 없다고 도로관리청이 인정하여 고시한 도로노선의 경우에는 4.2m를 초과하는 차량이다.

08. 고속국도가 아닌 도로를 파손하여 교통을 방해하거나 교통에 위험을 발생하게 한 자에 대한 벌칙으로 맞는 것은?
① 7년 이하의 징역이나 2천만 원 이하의 벌금
② 8년 이하의 징역이나 3천만 원 이하의 벌금
③ 9년 이하의 징역이나 5천만 원 이하의 벌금
④ 10년 이하의 징역이나 1억 원 이하의 벌금

해설 고속국도가 아닌 도로를 파손하여 교통을 방해하거나 교통에 위험을 발생하게 한 자는 10년 이하의 징역이나 1억 원 이하의 벌금에 처한다.

09. 정당한 사유 없이 적재량 측정을 위한 도로관리청의 요구(차량에 승차·관계서류 제출)에 따르지 아니한 자의 벌칙으로 맞는 것은?
① 1년 이하의 징역이나 1천만 원 이하의 벌금
② 1년 이상의 징역이나 1천만 원 이상의 벌금
③ 2년 이상의 징역이나 1천만 원 이하의 벌금
④ 2년 이하의 징역이나 1천만 원 이하의 벌금

해설 차량의 운전자는 정당한 사유 없이 적재량 측정을 위한 도로관리청의 요구(차량에 승차·관계서류 제출)에 따르지 아니한 자는 1년 이하의 징역이나 1천만 원 이하의 벌금에 처한다.

10. 차량의 적재량 측정을 방해하거나, 정당한 사유 없이 도로관리청의 재측정 요구에 따르지 아니한 자의 벌칙으로 맞는 것은?
① 4년 이하의 징역이나 1천만 원 이하의 벌금
② 3년 이하의 징역이나 1천만 원 이하의 벌금
③ 2년 이하의 징역이나 1천만 원 이하의 벌금
④ 1년 이하의 징역이나 1천만 원 이하의 벌금

해설 차량의 적재량 측정을 방해하거나, 정당한 사유 없이 도로관리청의 재측정 요구에 따르지 아니한 자는 1년 이하의 징역이나 1천만 원 이하의 벌금에 처한다.

11. 자동차전용도로를 지정할 때 도로관리청이 관계기관의 의견을 청취하도록 규정되어 있다. 의견청취기관으로 틀린 것은?
① 국토교통부장관 : 경찰청장
② 특별(광역)시장·도지사·특별자치도지사 : 관할 시·도 경찰청장
③ 특별자치시장 : 관할 시·도 경찰청장
④ 특별자치시장·시장·군수·구청장 : 관할 경찰서장

해설 특별자치시장은 관할 경찰서장의 의견을 들어야 한다.

06. ① 07. ④ 08. ④ 09. ① 10. ④ 11. ③

12. 자동차전용도로 또는 전용구역(이하 "자동차전용도로"라 한다)으로 지정하려는 도로에 둘 이상의 관계되는 도로관리청이 있다. 지정하는 방법으로 맞는 것은?

① 둘 이상의 관계되는 도로관리청이 있으면 공동으로 자동차전용도로를 지정하여야 한다.
② 자동차전용도로의 관리 길이(km)가 긴 도로관리청이 단독으로 지정을 한다.
③ 둘 이상의 도로관리청이 추첨을 하여 당선된 도로관리청이 단독 지정을 한다.
④ 두 개의 도로관리청이 협의한 후 양보를 얻은 도로관리청이 단독 지정을 한다.

해설 둘 이상의 도로관리청이 있으면 관계되는 도로관리청이 공동으로 자동차전용도로를 지정하여야 한다.

13. 자동차전용도로의 통행방법에서 차량을 사용하지 아니하고 자동차전용도로를 통행하거나 출입을 한 자의 벌칙으로 맞는 것은?

① 2년 이하의 징역이나 1천만 원 이하의 벌금
② 2년 이상의 징역이나 2천만 원 이상의 벌금
③ 1년 이상의 징역이나 1천만 원 이하의 벌금
④ 1년 이하의 징역이나 2천만 원 이상의 벌금

해설 자동차전용도로의 통행방법에서 "차량을 사용하지 아니하고 자동차전용도로를 통행하거나 출입을 한 자"에 대한 처벌 규정이다. 이를 위반한 자에 대한 벌칙은 1년 이하의 징역이나 1천만 원 이하의 벌금에 처한다.

06 대기환경보전법령

01. 대기환경보전법의 목적에 대한 설명으로 틀린 것은?

① 자동차 종합검사의 배출가스 감소를 위함이다.
② 대기오염으로 인한 국민건강이나 환경에 관한 위해(危害)를 예방하기 위함이다.
③ 대기환경을 적정하도록 지속가능하게 관리·보전하기 위함이다.
④ 모든 국민이 건강하고 쾌적한 환경에서 생활할 수 있게 하는 것이 목적이다.

해설 자동차 종합검사의 배출가스 감소를 위함은 대기환경보전법의 목적에 해당되지 않는다.

02. 대기환경보전법에서 사용하는 용어에 대한 설명으로 틀린 것은?

① 검댕 : 연소할 때에 생기는 유리탄소가 응결하여 입자의 지름이 1미크론 이상이 되는 입자상물질
② 매연 : 대기 중에 떠다니거나 흩날려 내려오는 입자상물질
③ 가스 : 물질이 연소·합성·분해될 때에 발생하거나 물리적 성질로 인하여 발생하는 기체상 물질
④ 입자상 물질(粒子狀物質) : 물질이 파쇄·선별·퇴적·이적(移積)될 때, 그 밖에 기계적으로 처리되거나 연소·합성·분해될 때에 발생하는 고체상(固體狀) 또는 액체상(液體狀)의 미세한 물질

해설 연소할 때에 생기는 유리탄소가 주가 되는 미세한 입자상물질을 매연이라고 한다.

03. 연소할 때에 생기는 유리(遊離)탄소가 응결하여 입자의 지름이 1미크론 이상이 되는 입자상 물질의 용어로 맞는 것은?

① 가스 ② 검댕
③ 먼지 ④ 매연

해설 검댕 : 연소할 때에 생기는 유리(遊離)탄소가 응결하여 입자의 지름이 1미크론 이상이 되는 입자상 물질이다.

04. 시·도지사 또는 시장·군수는 관할 지역의 대기질 개선 또는 기후·생태계 변화유발물질 배출감소를 위하여 필요하다고 인정하면 그 지역에서 운행하는 자동차의 소유자에게 그 시·도 또는 시·군의 조례에 따라 명령하거나 조기에 폐차할 것을 권고할 수 있다. 그 권고사항으로 틀린 것은?

① 저공해자동차로의 전환 또는 개조
② 배출가스저감장치의 부착 또는 교체 및 배출가스 관련 부품의 교체
③ 저공해엔진(혼소엔진을 포함한다)으로의 개조 또는 교체
④ 저공해 자동차를 구입하거나 또는 개조하는 자

해설 저공해 자동차를 구입하거나 또는 개조하는 자에게 국가나 지방자치단체에서 예산의 범위에서 필요한 자금을 보조나 융자할 수 있는 사항이지 명령대상에 해당되지 않는다.

해설 저공해자동차로의 전환 또는 개조 명령, 배출가스저감장치의 부착·교체 명령 또는 배출가스 관련 부품의 교체 명령, 저공해엔진으로의 개조 또는 교체명령을 이행하지 아니한 자에 대한 과태료는 300만원이다.

05. 시·도지사는 대중교통용 자동차 등 환경부령으로 정하는 자동차에 대하여 시·도 조례에 따라 공회전제한장치의 부착을 명령할 수 있다. 그 대상차량에 해당하는 자동차로 맞는 것은?
① 최대적재량 1톤 이하인 밴형 화물자동차로서 운송용으로 사용되는 자동차
② 최대적재량 1톤 이하인 밴형 화물자동차로서 택배용으로 사용되는 자동차
③ 최대적재량 2톤 이하인 개별 화물자동차로서 퀵서비스에 사용되는 자동차
④ 최대적재량 2톤 이하인 운송용 화물자동차로서 택배용으로 사용되는 자동차

해설 시·도지사는 대중교통용 자동차 등 환경부령으로 정하는 자동차에 대하여 시·도 조례에 따라 공회전제한장치의 부착을 명령할 수 있는 대상차량은 최대적재량 1톤 이하인 밴형 화물자동차로서 택배용으로 사용되는 자동차 이외에 시내버스 운송사업에 사용하는 자동차, 일반택시 운송사업에 사용되는 자동차 등이 있다.

06. 대기오염의 원인이 되는 가스·입자상의 물질로서 환경부령으로 정하는 것은?
① 대기오염물질   ② 온실가스
③ 먼지대기오염물질 ④ 매연

해설 대기오염의 원인이 되는 가스·입자상물질로서 환경부령으로 정하는 것은 대기오염물질이다.

07. 저공해자동차로의 전환 또는 개조 명령, 배출가스저감장치의 부착·교체 명령 또는 배출가스 관련 부품의 교체 명령, 저공해엔진으로의 개조 또는 교체 명령을 이행하지 아니한 자에 대한 벌칙은?
① 200만 원 이하의 과태료를 부과한다.
② 300만 원 이하의 과태료를 부과한다.
③ 400만 원 이하의 과태료를 부과한다.
④ 500만 원 이하의 과태료를 부과한다.

08. 다음 중 시·도지사가 공회전제한장치를 부착하도록 명령할 수 있는 자동차로 틀린 것은?
① 시내버스운송사업에 사용되는 자동차
② 일반택시운송사업에 사용되는 자동차
③ 최대적재량이 5톤 이하인 화물자동차
④ 최대적재량이 1톤 이하인 밴형 화물자동차로서 택배용으로 사용되는 자동차

해설 공회전제한장치를 부착해야 하는 자동차
• 시내버스운송사업에 사용되는 자동차
• 일반택시운송사업에 사용되는 자동차
• 화물자동차운송사업에 사용되는 최대적재량이 1톤 이하인 밴형 화물자동차로서 택배용으로 사용되는 자동차

09. 운행하는 자동차의 수시점검 방법에 대한 설명으로 틀린 것은?
① 환경부장관·특별시장·광역시장·특별자치시장·특별자치도지사·시장·군수·구청장이 점검을 한다.
② 자동차의 원활한 소통과 승객의 편의 등을 위하여 운행 중인 상태에서도 점검을 할 수 있다.
③ 도로나 주차장에서만 자동차를 선정하여 배출가스를 점검한다.
④ 운행 중인 상태에서 점검은 원격측정기 또는 비디오카메라를 사용하여 점검을 할 수 있다.

해설 운행하는 자동차의 수시 점검은 도로나 주차장에서만 배출가스 점검을 하는 것이 아니고, 운행 중인 상태에서도 점검을 실시할 수 있다.

05. ②　06. ①　07. ②　08. ③　09. ②

2 PART
화물취급요령

CHAPTER 01 용어의 정리

1	운송장의 기능	① 계약서 기능 ② 화물인수증 기능 ③ 운송요금영수증 기능 ④ 정보처리 기본자료 ⑤ 배달에 대한 증빙(배송에 대한 증거서류 기능) ⑥ 수입금 관리자료 ⑦ 행선지 분류정보 제공(작업지시서 기능)
2	면책사항	① 파손면책 : 포장이 불완전하거나 파손 가능성이 높은 화물 ② 배달불능 면책(배달지연 면책) : 수하인의 전화번호가 없는 화물 ③ 부패 면책 : 식품 등 정상적으로 배달해도 부패의 가능성이 있는 화물
3	운송장의 기록과 운영	운송장이 제 역할을 다하기 위해서는 다음과 같은 사항들이 기재되어야 하며 운송장의 다양한 기능이 수행될 수 있도록 잘 운영되어야 한다. • 운송장 번호와 바코드 • 송하인 주소, 성명 및 전화번호 • 수하인 주소, 성명 및 전화번호 • 주문번호 또는 고객번호 • 화물명, 화물의 가격, 화물의 크기(중량, 사이즈), 운임의 지급방법, 운송요금, 발송지, 도착지, 집하자, 인수자날인, 특기사항, 면책사항, 화물의 수량
4	포장의 개념과 종류의 내용	물품의 수송, 보관, 취급, 사용 등에 있어 물품의 가치 및 상태를 보호하기 위해 적절한 재료, 용기 등을 물품에 사용하는 기술 또는 그 상태를 말한다. ① 개장(個裝) : 물품개개의 포장. 물품의 상품가치를 높이기 위해 또는 물품개개를 보호하기 위해 적절한 재료, 용기 등으로 물품을 포장하는 방법 및 포장한 상태 ② 내장(內裝) : 포장화물 내부의 포장. 물품에 대한 수분, 습기, 광열, 충격 등을 고려하여 적절한 재료, 용기 등으로 물품을 포장하는 방법 ③ 외장(外裝) : 포장화물 외부의 포장. 물품 또는 포장 물품을 상자, 포대, 나무통 및 금속관 등의 용기에 넣거나 용기를 사용하지 않고 결속하여 기호, 화물 표시 등을 하는 방법 및 포장한 상태
5	포장의 기능	① 보호성 ② 표시성 ③ 상품성 ④ 편리성 ⑤ 효율성 ⑥ 판매촉진성
6	포장의 분류	① 상업포장(소비자 포장, 판매 포장) ② 공업포장(수송 포장) ③ 포장재료의 특성에 의한 분류(유연, 강성, 반강성 포장) ④ 포장방법(포장기법)별 분류(방수, 방습, 방청, 완충, 진공, 압축, 수축포장)
7	포장재료의 특성에 의한 분류	유연포장 : 포장된 포장물 또는 단위포장물이 포장재료나 용기의 유연성 때문에 본질적인 형태는 변화하지 않으나, 일반적으로 외모가 변화될 수 있는 포장

8	화물취급 전 준비사항(확인사항)	① 위험물, 유해물을 취급할 때는 반드시 보호구를 착용하고, 안전모는 턱 끈을 매어 착용한다. ② 보호구의 자체결함은 없는지 또는 사용방법은 알고 있는지 확인한다. ③ 취급하물의 품목별, 포장별, 비포장별(산물, 분탄, 유해물) 등에 따른 취급방법 및 작업순서를 사전 검토한다. ④ 유해, 유독화물을 철저히 확인하고 위험에 대비한 약품, 세척용구 등을 준비한다. ⑤ 화물의 포장이 거칠거나 미끄러움, 뾰족함 등은 없는지 확인한 후 작업에 착수한다. ⑥ 화물의 낙하·분탄화물의 비산 등의 위험을 사전에 제거하고 작업을 시작한다. ⑦ 작업도구는 당해 작업에 적합한 물품으로 필요한 수량만큼 준비한다.

9	창고 내 작업 및
	입·출고 작업요령
		① 창고 내에서 작업할 때는 어떠한 경우라도 흡연을 금한다.
		② 화물적하장소에 무단으로 출입하지 않는다.
		③ 창고 내에서 화물을 옮길 때 주의사항
		  ㉠ 창고의 통로등에 장애물이 없도록 한다.
		  ㉡ 작업안전통로를 충분히 확보한 후 화물을 적재
		  ㉢ 바닥에 물건 등이 놓여 있으면 즉시 치우도록 한다.
		  ㉣ 바닥의 기름이나 물기는 즉시 제거하여 미끄럼 사고를 예방한다.
		  ㉤ 운반통로에 있는 맨홀이나 홀에 주의해야 한다.
		  ㉥ 운반통로에 안전하지 않은 곳이 없도록 조치한다.
		④ 화물더미에서 작업할 때 주의사항
		  ㉠ 화물더미 한쪽 가장자리에서 작업할 때 화물더미의 불안전한 상태를 수시 확인하여 위험이 발생하지 않도록 주의해야 한다.
		  ㉡ 화물더미에 오르내릴 때에는 화물의 쏠림이 발생하지 않도록 조심해야 한다.
		  ㉢ 화물을 쌓거나 내릴 때에는 순서에 맞게 신중히 하여야 한다.
		  ㉣ 화물더미의 화물을 출하할 때에는 화물더미 위에서부터 순차적으로 층계를 지으면서 헐어낸다.
		  ㉤ 화물더미의 상층과 하층에서 동시에 작업을 하지 않는다.
		  ㉥ 화물더미의 중간에서 화물을 뽑아내거나 직선으로 깊이 파내는 작업을 하지 않는다.
		  ㉦ 화물더미 위에서 작업을 할 때에는 힘을 줄 때나 발 밑을 항상 조심한다.
		  ㉧ 화물더미 위로 오르고 내릴 때에는 안전한 승강시설을 이용한다.
		⑤ 화물을 연속적으로 이동시키기 위한 컨베이어(Conveyor) 사용 시 주의사항
		  ㉠ 타이어 등을 상차 시 떨어지거나 떨어질 위험이 있는 곳에서 작업금지
		  ㉡ 컨베이어 위로는 절대 올라가서는 안 된다.
		  ㉢ 상차작업자와 컨베이어를 운전하는 작업자 간에는 상호간에 신호를 긴밀히 하여야 한다.
		⑥ 화물을 운반할 때 주의사항
		  ㉠ 운반하는 물건이 시야를 가리지 않도록 한다.
		  ㉡ 뒷걸음질로 화물을 운반해서는 안 된다.
		  ㉢ 작업장 주변의 화물상태, 차량 통행 등을 항상 살핀다.
		  ㉣ 원기둥형을 굴릴 때에는 앞으로 밀어 굴리고 뒤로 끌어서는 안된다.

		⑪ 화물자동차에서 화물을 내릴 때 로프를 풀거나 옆문을 열 때는 화물낙하 여부를 확인하고 안전위치에서 행한다. ⑦ 발판을 활용한 작업할 때 주의사항 　㉠ 발판은 경사를 완만하게 하여 사용한다. 　㉡ 발판을 이용하여 오르내릴 때에는 2명 이상이 동시에 통행하지 않는다. 　㉢ 발판의 넓이와 길이는 작업에 적합한 것이며 자체에 결함이 없는지 확인한다. 　㉣ 발판의 설치는 안전하게 되어 있는지 확인한다. 　㉤ 발판의 미끄럼 방지조치는 되어 있는지 확인한다. 　㉥ 발판은 움직이지 않도록 목마 위에 설치하거나 발판 상·하부위에 고정조치를 철저히 하도록 한다.
10	하역방법	① 상자로 된 화물은 취급표지에 따라 다루어야 한다. ② 화물의 적하순서에 따라 작업을 한다. ③ 종류가 다른 것을 적치할 때에는 무거운 것을 밑에 쌓는다. ④ 부피가 큰 것을 쌓을 때는 무거운 것은 밑에, 가벼운 것은 위에 쌓는다. ⑤ 길이가 고르지 못하면 한쪽 끝이 맞도록 한다. ⑥ 작은 화물 위에 큰 화물을 놓지 말아야 한다. ⑦ 물건을 쌓을 때는 떨어지거나 건드려서 넘어지지 않도록 한다. ⑧ 물건을 야외에 적치할 때는 밑받침을 하여 부식을 방지하고 덮개로 덮어야 한다.
11	적재함 화물 적재방법	① 무거운 화물을 적재함 뒤쪽에 실으면 앞바퀴가 들려 조향이 마음대로 되지 않아 위험하다. ② 무거운 화물을 적재함 앞쪽에 실으면 조향이 무겁고, 제동할 때에 뒷바퀴가 먼저 제동되어 좌·우로 틀어지는 경우가 발생 ③ 화물을 적재할 때에는 최대한 무게가 골고루 분산될 수 있도록 하고, 무거운 화물은 중간부분에 무게가 집중될 수 있도록 적재한다. ④ 차량의 전복을 방지하기 위하여 적재물 전체의 무게 중심의 위치는 적재함 전후좌우의 중심위치로 하는 것이 바람직하다. ⑤ 가축은 화물칸에서 이리저리 움직여 차량이 흔들릴 수 있어, 차량운전에 문제를 발생시킬 수 있으므로, 가축이 화물칸에 완전히 차지 않을 경우에는 가축을 한데로 몰아 움직임을 제한하는 임시 칸막이를 사용한다. ⑥ 차량의 전복을 방지하기 위하여 적재물 전체의 무게중심의 위치는 적재함 전후좌우의 중심위치로 하는 것이 바람직하다. ⑦ 가벼운 화물이라도 너무 높게 또는 적재 폭을 초과하지 않도록 한다.
12	파렛트(Pallet) 화물의 붕괴방지 요령	① 밴드걸기 방식(수평밴드걸기, 수직밴드걸기) ② 주연어프 방식 ③ 슬립 멈추기 시트삽입 방식　　④ 풀 붙이기 접착 방식 ⑤ 수평 밴드걸기 풀붙이기 방식　　⑥ 슈링크 방식 ⑦ 스트레치 방식　　　　　　　　⑧ 박스테두리 방식

13	주연어프 방식	파렛트의 가장자리(주연(周緣))를 높게 하여 포장화물을 안쪽으로 기울여서 화물이 갈라지는 것을 방지하는 방법 부대화물 따위에는 효과가 있으나, 이 방식만으로는 갈라지는 것을 방지하기에는 어려우나 다른 방법을 병용함으로써 안전을 확보하는 것이 효율적
14	슈링크 방식	열수축성 플라스틱 필름을 파렛트 화물에 씌우고, 슈링크 터널을 통과시킬 때 가열하여 필름을 수축시켜 파렛트와 밀착시키는 방식 ① 장점 : 물이나 먼지도 막아내기 때문에 우천 시 하역이나 야적보관도 가능 ② 단점 : 슈링크 방식은 통기성이 없고, 고열(120~130℃)의 터널을 통과하므로 상품에 따라서는 이용할 수가 없고, 또 비용이 많이 든다.
15	고속도로 제한차량 및 운행허가	고속도로 운행 제한차량 ① 축하중 : 차량의 축하중이 10톤을 초과 ② 총중량 : 차량 총중량이 40톤을 초과 ③ 길이 : 적재함을 포함한 차량의 길이가 16.7m 초과 ④ 폭 : 적재물을 포함한 차량의 폭이 2.5m 초과 ⑤ 높이 : 적재함을 포함한 차량의 높이가 4.0m 초과(도로관리청이 인정하여 고시한 경우 4.2m) ⑥ 저속 : 정상운행속도가 50km/h 미만 차량 ⑦ 이상기후일 때(적설량 10cm 또는 영하 20℃ 이하) 연결 화물차량(풀 카고, 트레일러 등) ⑧ 기타 도로관리청이 도로의 구조보전과 운행의 위험을 방지하기 위하여 운행제한이 필요하다고 인정하는 차량 ※ 다음에 해당하는 각 호는 적재불량차량 ① 화물 적재가 편중되어 전도 우려가 있는 차량 ② 모래, 흙, 골재류, 쓰레기 등을 운반하면서 덮개를 미설치하거나 없는 차량 ③ 스페어 타이어 고정상태가 불량한 차량 ④ 덮개를 씌우지 않았거나 묶지 않아 결속상태가 불량한 차량 ⑤ 적재함 청소상태가 불량한 차량 ⑥ 액체 적재물 방류 또는 유출 차량 ⑦ 사고 차량을 견인하면서 파손품의 낙하가 우려되는 차량 ⑧ 기타 적재불량으로 인하여 적재물 낙하 우려가 있는 차량
16	화물의 인수요령	① 포장 및 운송장 기재요령을 반드시 숙지하고 인수에 임한다. ② 집하 자제품목 및 집하 금지품목의 경우는 그 취지를 알리고 양해를 구한 후 정중히 거절한다. ③ 집하물품의 도착지와 고객의 배달요청일이 당사의 배송 소요 일수 내에 가능한지 필히 확인하고, 기간 내에 배송 가능한 물품을 인수한다. ④ 제주도 및 도서지역인 경우 그 지역에 적용되는 부대비용을 수하인에게 징수할 수 있음을 반드시 알려주고 양해를 구한 후 인수한다. ⑤ 항공을 이용한 운송의 경우 항공기 탑재 불가물품과 공항유치물품은 집하할 때 고객에게 이해를 구한 다음 집하를 거절함으로서 고객과의 마찰을 방지한다.

17	화물의 인계 요령	배송지연은 고객과의 약속 불이행이 고객불만 사항으로 발전되는 경향이 있으므로 배송지연이 예상될 경우 고객에게 사전에 양해를 구하고 약속한 것에 대해서 반드시 이해하도록 한다.
18	고객 유의사항	고객 유의사항 확인 요구 물품 ① 중고가전제품 및 A/S용 물품 ② 기계류, 장비 등 중량 고가물로 40kg 초과 물품 ③ 포장 부실물품 및 무포장 물품(비닐포장 또는 쇼핑백 등) ④ 파손 우려 물품 및 내용검사가 부적당하다고 판단되는 부적합 물품
19	자동차관리법상, 화물자동차 유형별 세부기준	① 화물자동차 : 일반형, 덤프형, 밴형, 특수용도형 ② 특수자동차 : 견인형, 구난형, 특수용도형
20	트레일러의 종류	**풀(Full) 트레일러** ㉠ 트랙터와 트레일러가 완전 분리되어 있음 ㉡ 트랙터 자체도 적재함을 가지고 있음 ㉢ 총하중을 트레일러만으로 지탱되도록 설계되어 선단에 견인구 즉 트랙터를 갖춘 트레일러이다. ㉣ 기준 내 차량으로서 적재톤 수, 적재량, 용적 모두 세미 트레일러보다는 유리하다. ㉤ 돌리와 조합된 세미 트레일러는 풀(Full) 트레일러로 해석됨 **세미(Semi) 트레일러** ㉠ 세미 트레일러용 트랙터에 연결하여 총하중의 일부분이 견인하는 자동차에 의해 지탱되도록 설계되었음 ㉡ 잡화수송 : 밴형 중량물수송용 : 중량용 세미 트레일러 또는 중저상식 트레일러 등이 사용 ㉢ 현재 가동중인 트레일러로 가장 많고 일반적이며 발착지에서 탈착이 용이하고, 공간을 적게 차지해 후진하는 운전을 하기가 쉽다. **폴(Pole)** 기둥, 통나무 등 장척의 적하물 자체가 트랙터와 트레일러의 연결부분을 구성하는 트레일러 **돌리(Dolly)** 세미(Semi) 트레일러와 조합해서 풀(Full) 트레일러로 하기 위한 견인구를 갖춘 대차를 말함
21	트레일러의 장점	• 트랙터의 효율적 이용 : 트랙터와 트레일러의 분리가 가능하여 트레일러에 적하 및 하역을 위해 체류 중에도 트랙터 부분을 사용할 수 있어 회전율을 높일 수 있다. • 효과적인 적재량 : 차량 총중량은 20톤으로 제한하고 있으나 화물자동차 및 특수자동차의 경우 차량 총중량은 40톤이다. • 탄력적인 작업 : 트레일러 별도로 분리하여 화물을 적재 또는 하역할 수 있다. • 트랙터와 운전자의 효율적 이용 : 트랙터 1대로 복수의 트레일러 운영, 트랙터와 운전자의 이용효율을 높일 수 있다. • 일시보관 기능의 실현 : 트레일러 부분에 일시적으로 화물을 보관할 수 있으며, 여유있는 하역작업을 할 수 있다. • 중계지점에서의 탄력적인 작업 : 중계지점을 중심으로 각각의 트랙터가 기점에서 중계점까지 왕복운송을 함으로써 차량 운용의 효율을 높일 수 있다.

22	트레일러의 구조, 형상에 따른 종류	평상식	전장의 프레임상면이 평면의 화대를 가진 트레일러(일반화물, 강재수송)
		저상식	적재할 때 전고가 낮은 하대를 갖는 트레일러(불도저, 기중기 등 운반)
		중저상식	저상식 트레일러 중 프레임 중앙 하대부가 오목하게 낮음(대형 Hot Coil, 중량 블록화물 등 운반)
		스케레탈 트레일러	컨테이너 운송을 위해 제작된 것으로 전·후단에 고정장치가 부착된 트레일러(컨테이너 운송 전용)
		밴 트레일러	하대부분에 밴형의 보데가 장치된 트레일러
		오픈탑 트레일러	밴형의 일종. 천장에 개구부가 있어 채광이 들어가도록 한 트레일러(고척화물 운반용)
		특수용도 트레일러	덤프 트레일러, 탱크 트레일러, 자동차 운반용 트레일러 등

23	적재함 구조에 의한 화물자동차의 분류 1	카고트럭 하대에 간단히 접는 형식의 문짝을 단 차량으로 일반적으로 트럭 또는 카고트럭이라고 부른다. 하대는 귀틀(세로귀틀, 가로귀틀)이란 받침부분과 화물을 얹는 바닥부분, 짐 무너짐을 방지하는 문짝 3개 부분으로 이루어져 있다. 차종은 적재량 1톤 미만의 소형차로부터 12톤 이상의 대형차까지 나누어져 있다.

24	적재함 구조에 의한 화물자동차의 분류 2	전용특장차의 종류 차량의 적재함을 특수한 화물에 적합하도록 구조를 갖추거나 특수한 작업이 가능하도록 기계장치를 부착한 차량 데 덤프트럭, 믹서차, 분립체 수송차(벌크 차량), 액체수송차(탱크로리), 냉동차 등

25	적재함 구조에 의한 화물자동차의 분류 3	합리화 특장차 : 화물을 싣거나 내릴 때 발생하는 하역을 합리화하는 설비기기를 차량 자체에 장비하고 있는 차(4종류로 구분)	
		실내하역기기 장비차	적재함 바닥면에 롤러컨베이어, 로더용레일, 파렛트 이동용의 파렛트 슬라이더 또는 컨베이어 등을 장치함으로써 적재함 하역의 합리화를 도모하는 차
		측방 개폐차	화물에 시트를 치거나 포크리프트에 의해 짐부리기를 간이화할 목적으로 개발된 차(스태빌라이저 차)
		쌓기·내리기 합리화차	리프트게이트, 크레인 등을 장비하고 쌓기·부리기작업의 합리화를 위한 차량(리프트게이트 부착트럭, 크레인 부착트럭)
		시스템 차량	트레일러 방식의 소형트럭을 가리키며 CB(Changeable Body) 또는 탈착보디차(보디탈착 방식 : 기계식, 유압식, 차의 유압장치를 사용)

26	이사화물 표준약관의 규정 (책임의 특별소멸 사유와 시효)	사업자의 손해배상책임 시효소멸기간 : 고객이 이사화물을 인도받은 날로부터 30일 이내 그 일부 멸실 또는 훼손의 사실을 사업자에게 통지하지 않으면 소멸 사업자의 손해배상책임 시효소멸기간 : 고객이 이사화물의 멸실, 훼손 또는 연착에 대하여는 이사화물을 인도받은 날로부터 1년이 경과하면 소멸. 다만, 이사화물이 전부 멸실된 경우에는 약정된 인도일부터 가산한다. 시효소멸기간적용 제외 : 사업자 또는 사용인이 이사화물의 일부 멸실 또는 훼손의 사실을 알면서 이를 숨기고 인도한 경우에는 적용되지 아니하며 이사화물을 인도받은 날로부터 5년간 존속

27	택배 표준약관의 규정 (책임의 특별소멸 사유와 시효)	① 운송물의 일부 멸실 또는 훼손에 대한 사업자의 손해배상 책임은 수하인이 운송물을 수령한 날로부터 14일 이내에 그 일부 멸실 또는 훼손의 사실을 사업자에게 통지하지 아니하면 소멸한다. ② 운송물의 일부 멸실 또는 훼손 또는 연착에 대한 사업자의 손해배상책임은 수하인이 운송물을 수령한 날로부터 1년이 경과하면 소멸한다. 다만 운송물이 전부 멸실된 경우에는 그 인도예정일로부터 기산한다. ③ 이 규정은 사업자 또는 그 운송 위탁을 받은 자, 기타 운송을 위하여 관여된 자가 이 운송물의 일부 멸실 또는 훼손의 사실을 알면서 이를 숨기고 운송물을 인도한 경우에는 적용되지 아니한다. 이 경우에는 사업자의 손해배상책임은 수하인이 운송물을 수령한 날로부터 5년간 존속한다.

CHAPTER 02 문제

01 운송장 작성과 화물포장

01. 포장이 불완전하거나 파손 가능성이 높아 수탁이 곤란한 화물의 경우 송하인이 모든 책임을 진다는 조건으로 수탁하도록 하는 면책사항으로 맞는 것은?

① 부패면책　　② 배달불능면책
③ 배달지연면책　④ 파손면책

해설 포장이 불완전하거나 파손 가능성이 높아 수탁이 곤란한 화물의 경우 송하인이 모든 책임을 진다는 조건으로 수탁하도록 하는 면책사항은 파손면책이다.

02. 다음 중 운송장 기재 시 유의사항으로 틀린 것은?

① 화물 인수 시 적합성 여부를 확인한 다음, 접수자가 운송장 정보를 기입하도록 한다.
② 고가품에 대하여는 그 품목과 물품가격을 정확히 확인하여 기재하고, 할증료를 청구, 할증료를 거절하는 경우에는 특약사항을 설명하고 보상한도에 대해 서명을 받는다.
③ 파손, 부패, 변질 등 문제의 소지가 있는 물품의 경우에는 면책확인서를 받는다.
④ 산간 오지, 섬 지역 등은 지역특성을 고려하여 배송예정일을 정한다.

해설 화물 인수 시 적합성 여부를 확인한 다음, 고객이 직접 운송장 정보를 기입하도록 한다.

03. 포장화물 외부의 포장, 속포장(내부포장), 물품에 대한 수분, 습기, 광열, 충격 등을 고려하여 적절한 재료, 용기 등으로 물품을 포장하는 것은?

① 유연포장(包裝)의 개념
② 개장(個裝)의 개념
③ 내장(內裝)의 개념
④ 외장(外裝)의 개념

해설 내장 : 포장화물 외부의 포장, 속포장(내부포장), 물품에 대한 수분, 습기, 광열, 충격 등을 고려하여 적절한 재료, 용기 등으로 포장

04. 다음 중 강성포장 재료로 틀린 것은?

① 목재상자
② 알루미늄 포일(알루미늄박)
③ 유리제의 병
④ 금속제의 통

해설 강성포장은 포장된 물품 또는 단위포장물이 포장재료나 용기의 경직성으로 형태가 변화되지 않고 고정되는 포장(유연포장과 대비되는 포장)

05. 일반화물의 취급표지에 대한 설명으로 틀린 것은?

① 표지의 색은 기본적으로 하얀색을 사용한다.
② 포장의 크기나 모양에 따라 표지의 크기는 조정할 수 있다.
③ 위험물표지와 혼동을 가져올 수 있는 색의 사용은 피한다.
④ 적색, 주황색, 황색 등의 사용은 이들 색의 사용이 규정화되어 있는 지역 및 국가 외에서의 사용을 피하는 것이 좋다.

해설 표지의 색은 기본적으로 검은색을 사용한다.

06. 다음 화물 취급표지 중 굴림 방지로 맞는 것은?

① 　②

③ 　④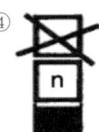

01. ④　02. ①　03. ③　04. ②　05. ①　06. ①

해설 ②는 위 쌓기, ③은 적재 제한, ④는 적재 단 수 제한 표지이다.

07. 운송장 기능의 종류에 대한 설명으로 틀린 것은?
① 운송요금 영수증 기능
② 배달에 대한 증빙(배송의 증거서류 기능)
③ 계약서 기능, 화물인수증 기능
④ 지출금 관리 자료

해설 운송장의 기능은 수입금 관리 자료에 해당된다.

08. 개인고객의 경우 운송장이 작성되면 운송장에 기록된 내용과 약관에 기준한 계약이 성립된 것으로 보는 것은?
① 정보처리 기본자료   ② 화물인수증 기능
③ 수입금 관리자료   ④ 계약서 기능

해설 계약서 기능 : 개인고객의 경우 운송장이 작성되면 운송장에 기록된 내용과 약관에 기준한 계약이 성립된 것으로 본다.

09. 운송장의 형태에 대한 설명으로 틀린 것은?
① 기본형 운송장(포켓타입)
② 핵심 운송장
③ 배달표형 스티커 운송장
④ 바코드 절취형 스티커형 운송장

해설 핵심 운송장이 아닌 보조운송장이 있다.

10. 동일 수하인에게 다수의 화물이 배달될 때 운송장 비용을 절약하기 위하여 사용하는 운송장으로서 간단한 기본적인 내용과 원 운송장을 연결시키는 내용만 기록하는 운송장의 명칭은?
① 보조 운송장
② 스티커 운송장
③ 배달표 운송장
④ 바코드 절취형 스티커형 운송장

해설 보조 운송장 : 동일 수하인에게 다수의 화물이 배달될 때 운송장 비용을 절약하기 위하여 사용하는 운송장으로서 간단한 기본적인 내용과 원 운송장을 연결시키는 내용만 기록

11. 일반화물취급표지에서 조임쇠 취급 표지에 해당되는 것으로 맞는 것은?

①  ②
③  ④

해설 일반화물취급표지에서 조임쇠 취급 표지의 정답은 ④ 이며, ①은 조임쇠 취급제한 표지금지, ②는 손수레 삽입금지 표지, ③은 지게차 취급금지 표지

12. 운송화물의 포장에서 포장의 기능에 대한 설명으로 틀린 것은?
① 보호성   ② 표시성
③ 일반성   ④ 판매촉진성

해설 포장의 기능은 보호성, 표시성, 상품성, 편리성, 효율성, 판매촉진성 등이 있다.

13. 포장의 분류중 소매를 주로 하는 상거래에 상품의 일부로써 또는 상품을 정리하여 취급하기 위해 시행하는 것으로 상품가치를 높이기 위해 하는 포장은?
① 공업포장   ② 방습포장
③ 상업포장   ④ 방청포장

해설 상업포장 : 소매를 주로 하는 상거래에 상품의 일부로써 또는 상품을 정리하여 취급하기 위해 시행하는 것으로 상품가치를 높이기 위해 하는 포장

정답 07. ④ 08. ④ 09. ② 10. ① 11. ④ 12. ③ 13. ③

14. 포장된 물품 또는 단위포장물이 포장재료나 용기의 유연성 때문에 본질적인 형태는 변화되지 않으나 일반적으로 외모가 변화될 수 있는 포장으로 맞는 것은?

① 강성포장　　② 유연포장
③ 반강성포장　④ 수축포장

해설 유연포장 : 포장된 물품 또는 단위포장물이 포장재료나 용기의 유연성 때문에 본질적인 형태는 변화되지 않으나 일반적으로 외모가 변화될 수 있는 포장, 즉 종이, 플라스틱 필름, 알루미늄 포일(알루미늄박), 면포 등으로 포장

15. 포장 재료의 특성에 따른 포장의 분류가 다른 것은?

① 유연포장　　② 방수포장
③ 강성포장　　④ 반강성포장

해설 방수포장은 포장방법에 따른 분류에 해당된다.

16. 물품의 수송·보관을 주목적으로 하는 포장으로 물품을 상자, 자루, 나무통, 금속 등에 넣어 수송·보관·하역과정 등에서 물품이 변질되는 것을 방지하는 포장은?

① 상업포장　　② 공업포장
③ 방습포장　　④ 방청포장

해설 공업포장 : 물품의 수송·보관을 주목적으로 하는 포장으로 물품을 상자, 자루, 나무통, 금속 등에 넣어 수송·보관·하역과정 등에서 물품이 변질되는 것을 방지하는 포장

17. 일반화물취급표지의 수와 위치에 대한 설명으로 틀린 것은?

① 깨지기 쉬움, 취급 주의 표지 : 6개의 수직면에 모두 표시해야 하며, 위치는 각 변의 왼쪽 윗부분이다.
② 위 쌓기 표지 : 깨지기 쉬움, 취급주의 표지와 같은 위치에 표시하여야 하며, 이 두 표시가 모두 필요한 경우 "위" 표지를 모서리에 가깝게 표시한다.
③ 무게 중심 위치 표지 : 가능한 한 여섯면 모두에 표시하는 것이 좋지만 그렇지 않은 경우 최소한 무게 중심의 실제 위치와 관련 있는 4개의 측면에 표시한다.
④ 지게차 꺾쇠 취급 표지 : 표지는 클램프를 이용하여 취급할 화물에 사용한다. 이 표지는 마주 보고 있는 2개의 면에 표시하여 클램프 트럭 운전자가 화물에 접근할 때 표지를 인지할 수 있도록 운전자의 시각 범위 내에 두어야 한다.

해설 깨지기 쉬움, 취급 주의 표지 : 4개의 수직면에 모두 표시해야 하며, 위치는 각 변의 왼쪽 윗부분이다.

02 화물의 상·하차

01. 창고 내에서 화물을 옮길 때의 안전수칙으로 틀린 것은?

① 화물을 적재할 때에는 소화기, 소화전, 배전함 등의 설비 사용에 장애를 주지 않도록 해야 한다.
② 같은 종류끼리 적재하지 않는다.
③ 화물이 무너질 위험이 있을 경우에는 로프를 사용하여 묶거나, 망을 치는 등 위험 방지를 위한 조치를 하여야 한다.
④ 높은 곳의 화물을 옮길 때는 안전모를 착용한다.

해설 같은 종류 또는 동일 규격끼리 적재해야 한다.

02. 화물의 하역방법으로 틀린 것은?

① 물건을 쌓을 때에는 떨어지거나 건드려서 넘어지지 않도록 한다.
② 화물 종류별로 표시된 쌓는 단 수 이상으로 적재하지 않는다.
③ 부피가 큰 것을 쌓을 때는 가벼운 것은 밑에 무거운 것은 위에 쌓는다.
④ 물품을 야외로 적치할 때는 밑받침을 하여 부식을 방지하고, 덮개로 덮어야 한다.

해설 부피가 큰 것을 쌓을 때는 무거운 것은 밑에, 가벼운 것은 위에 쌓는다.

14. ②　15. ②　16. ②　17. ①　/　01. ②　02. ③

03. 화물을 연속적으로 이동시키기 위해 컨베이어(Conveyor)를 사용할 때에는 다음과 같은 사항에 주의하여야 한다. 다음 중 관계 없는 것은?

① 상차용 컨베이어(Conveyor)를 이용하여 타이어 등을 상차할 때 타이어 등이 떨어지거나 떨어질 위험이 있는 곳에서 작업을 해선 안된다.
② 컨베이어(Conveyor) 위로 올라가서는 안 된다.
③ 운반하는 물건이 시야를 가리지 않도록 한다.
④ 상차 작업자와 컨베이어(Conveyor)를 운전하는 작업자는 상호 간에 신호를 긴밀히 하여야 한다.

해설 운반하는 물건이 시야를 가리지 않도록 하는 것은 화물을 운반할 때의 주의사항에 해당된다.

04. 컨테이너에 수납되어 있는 위험물을 표시할 때 적어야 하는 것으로 틀린 것은?

① 표찰
② 위험물의 분류명
③ 컨테이너 번호
④ 컨테이너 규격

해설 컨테이너에 수납되어 있는 위험물의 분류명, 표찰 및 컨테이너 번호를 외측부 가장 잘 보이는 곳에 표시한다.

05. 화물의 상하차에서 물품을 어깨에 메고 운반하는 방법에 대한 설명으로 관계 없는 것은?

① 물품을 받아 어깨에 멜 때는 어깨를 낮추고 몸을 살짝 기울인다.
② 물품을 어깨에 메거나 받아들 때 한쪽으로 쏠리더라도 충돌하지 않도록 공간을 확보하고 작업을 한다.
③ 화물을 들어올리거나 내리는 높이는 작게 할수록 좋다.
④ 호흡을 맞추어 어깨로 받아 화물 중심과 몸 중심을 맞추며, 진행방향의 안전을 확인하면서 운반한다.

해설 화물을 들어올리거나 내리는 높이는 작게 할수록 좋은 것은 화물운반 방법이다.

06. 위험물 탱크로리 취급 시의 확인·점검사항으로 관계없는 것은?

① 탱크로리에 커플링(Coupling)은 잘 연결되었는지 확인한다.
② 접지는 연결시켰는지 확인한다.
③ 누유된 위험물은 회수하여 처리한다.
④ 자동차 등을 주유할 때는 자동차 등의 원동기를 정지시킨다.

해설 ④의 문항은 주유취급소의 위험물 취급기준에 대한 설명이다.

07. 화물의 상하차에서 물품을 들어 올릴 때의 자세 및 방법에 대한 설명으로 관계없는 것은?

① 물품과 몸의 거리는 물품의 크기에 따라 다르나, 물품을 직각으로 들어 올릴 수 있는 위치에 몸을 준비한다.
② 몸의 균형을 유지하기 위해서 발은 어깨 넓이만큼 벌리고 물품으로 향한다.
③ 물품을 들 때는 허리를 똑바로 펴야 하며, 물품은 허리의 힘으로 드는 것이 아니고 무릎을 굽혀 펴는 힘으로 든다.
④ 가벼운 화물이라도 너무 높게 적재하지 않도록 한다.

해설 가벼운 화물이라도 너무 높게 적재하지 않도록 함은 적재할 적재방법의 하나로 상하차 작업 시의 확인사항에 해당되지 않는다.

08. 화물의 상하차에서 차량 내 화물 적재요령에 대한 설명으로 관계 없는 것은?

① 상차할 때 화물이 넘어지지 않도록 질서 있게 정리하면서 적재하고, 차의 동요로 안정이 파괴되기 쉬운 짐은 결박을 철저히 한다.
② 화물은 가급적 세우지 말고 눕혀 놓는다.
③ 둥글고 구르기 쉬운 물건 또는 볼트와 같은 세밀한 물건 등은 상자 등으로 포장한 후 적재한다.
④ 적재함보다 긴 물건을 적재할 때에는 적재함 밖으로 나온 부위에 위험표시를 하여 둔다.

해설 ②의 문항은 화물의 기타 작업의 주의사항이다.

09. 화물의 기계작업(機械作業) 운반기준에 대한 설명으로 틀린 것은?

① 단순하고 반복적인 작업 : 분류, 판독, 검사
② 표준화되어 있어 지속적으로 운반량이 많은 작업과 취급물품이 중량물인 작업
③ 두뇌작업이 필요한 작업 : 분류, 판독, 검사
④ 취급물품의 형상, 성질, 크기 등이 일정한 작업

해설 두뇌작업이 필요한 작업 : 분류, 판독, 검사는 수작업 운반기준이다.

10. 주유취급소의 위험물 취급기준으로 틀린 것은?

① 자동차 등에 주유할 때에는 고정주유설비를 사용하여 직접 주유한다.
② 자동차 등을 주유할 때는 자동차 등의 원동기를 정지시킨다.
③ 유분리 장치에 고인 유류는 넘치지 않도록 수시로 퍼내어야 한다.
④ 자동차 등의 일부 또는 전부가 주유취급소 밖에 나온 채로 주유한다.

해설 자동차 등의 일부 또는 전부가 주유취급소 밖에 나온 채로 주유하지 않는다.

11. 위험물 탱크로리 취급 시 틀린 것은?

① 플랜지(Flange) 등 연결 부분에 새는 곳은 없는지 확인한다.
② 누유된 위험물은 회수하여 처리한다.
③ 인화성물질을 취급할 때에는 소화기를 준비하고, 금연자가 없는지 확인한다.
④ 플렉서블 호스(Flexible hose)는 고정시켰는지 확인한다.

해설 인화성물질을 취급할 때에는 소화기를 준비하고, 흡연자가 없는지 확인한다.

12. 화물의 상하차에서 상하차 작업 시의 확인사항에 대한 설명으로 관계 없는 것은?

① 작업원에게 화물의 내용, 특성 등을 잘 주지시켰는가?
② 받침목, 지주, 로프 등 필요한 보조 용구는 준비되어 있는가? 또는 차량에 구름막이는 되어 있는가?
③ 발판의 너비와 길이는 작업에 적합하고 자체결함이 없는가?
④ 적재량을 초과하지 않았는지 또는 적재화물의 높이, 길이, 폭 등의 제한을 지키고 있는가?

해설 발판의 너비와 길이는 작업에 적합하고 자체결함이 없는지 확인하는 것은 화물의 하역방법이다.

03 적재물 결박·덮개설치

01. 파렛트(Pallet) 화물의 붕괴 방지요령의 방식이 아닌 것은?

① 주연어프 방식
② 슬립 멈추기 시트삽입 방식
③ 스트레치 방식
④ 완충포장 방식

해설 완충포장 방식은 파렛트(Pallet) 화물의 붕괴 방지요령의 방식에 해당되지 않는다.

02. 파렛트 화물의 붕괴 방지요령에서 파렛트(Pallet)의 가장자리를 높게 하여 포장화물을 안쪽으로 기울여, 화물이 갈라지는 것을 방지하는 방식은?

① 스트레치 방식   ② 박스테두리 방식
③ 풀붙이기 접착 방식   ④ 주연어프 방식

해설 주연어프 방식 : 파렛트의 가장자리를 높게 하여 포장화물을 안쪽으로 기울여, 화물이 갈라지는 것을 방지하는 방식

03. 풀 붙이기와 밴드걸기 방식을 병용한 것으로 화물의 붕괴를 방지하는 효과를 높이는 방법으로 맞는 것은?

① 슈링크 방식
② 밴드걸기 방식
③ 박스 테두리 방식
④ 수평 밴드걸기 풀 붙이기 방식

해설 수평 밴드걸기 풀 붙이기 방식 : 풀 붙이기와 밴드걸기 방식을 병용한 것으로 화물의 붕괴를 방지하는 효과를 한층 더 높이는 방법

04. 일반적인 수하역(手荷役)의 경우에 낙하의 높이에 대한 설명으로 틀린 것은?

① 견하역 100cm 이상 : 어깨에서 화물하역중 낙하높이
② 요하역 10cm 정도 : 허리에서 화물하역중 낙하높이
③ 파렛트 쌓기의 수하역 40cm 정도
④ 견하역 120cm 이상 : 어깨에서 화물하역중 낙하높이

해설 일반적인 수하역의 경우에는 낙하충격이 화물에 미치는 영향도는 낙하의 높이, 낙하면의 상태, 낙하상황과 포장의 방법에 따라 상이하지만 견하역 100cm 이상, 요하역 10cm 정도, 파렛트 쌓기의 수하역 40cm 정도이다.

05. 파렛트 화물의 붕괴 방지요령에서 파렛트 화물 사이에 생기는 틈바구니를 적당한 재료로 메우는 방법으로 틀린 것은?

① 파렛트 화물이 서로 얽혀 버리지 않도록 사이 사이에 합판을 넣는다.
② 여러 가지 두께의 발포 스티롤판으로 틈바구니를 메운다.
③ 청량음료 전용차와 같이 적재공간이 파렛트 화물 수치에 맞추어 작은 칸으로 구분되는 장치를 설치한다.
④ 에어백이라는 공기가 든 부대자루를 사용한다.

해설 '청량음료 전용차와 같이 적재공간이 파렛트 화물수치에 맞추어 작은 칸으로 구분되는 장치를 설치한다'는 차량에 특수장치를 설치하는 방법에 해당된다.

06. 파렛트 화물의 붕괴 방지요령에서 스트레치 포장기를 사용하여 플라스틱 필름을 파렛트 화물에 감아 움직이지 않게 하는 방식으로 맞는 것은?

① 주연어프 방식   ② 밴드걸기 방식
③ 스트레치 방식   ④ 슈링크 방식

해설 스트레치 방식 : 스트레치 포장기를 사용하여 플라스틱 필름을 파렛트 화물에 감아 움직이지 않게 하는 방식

07. 파렛트 화물의 붕괴 방지요령에서 파렛트에 테두리를 붙이는 박스 파렛트와 같은 형태로 화물이 무너지는 것을 방지하는 효과가 큰 방식은?

① 박스테두리 방식   ② 스트레치 방식
③ 주연어프 방식   ④ 슈링크 방식

해설 박스테두리 방식 : 파렛트에 테두리를 붙이는 박스 파렛트와 같은 형태는 화물이 무너지는 것을 방지하는 효과가 큰 방식

08. 파렛트 화물의 붕괴 방지요령에서 열수축성 플라스틱 필름을 파렛트 화물에 씌우고 슈링크 터널을 통과시킬 때 가열하여 필름을 수축시켜 파렛트와 밀착시키는 방식으로 맞는 것은?

① 주연어프 방식   ② 밴드걸기 방식
③ 풀붙이기 접착 방식 ④ 슈링크 방식

해설 슈링크 방식 : 파렛트 화물의 붕괴 방지요령에서 열수축성 플라스틱 필름을 파렛트 화물에 씌우고 슈링크 터널을 통과시킬 때 가열하여 필름을 수축시켜 파렛트와 밀착시키는 방식

09. 화물의 붕괴 방지요령에서 차량에 특수장치를 설치하는 방법으로 틀린 것은?

① 포장 화물은 보관 중 또는 수송 중에 밑에 쌓은 화물이 반드시 압축하중을 받는다.
② 파렛트 화물의 높이가 일정하다면 적재함의 천정이나 측벽에서 파렛트 화물이 붕괴되지 않도록 누르는 장치를 설치한다.
③ 청량음료 전용차와 같이 적재공간의 파렛트 화물 치수에 맞추어 작은 칸으로 구분되는 장치를 설치한다.
④ 화물붕괴 방지와 짐을 싣고 부리는 작업성을 생각하여, 차량에 특수한 장치를 설치하는 방법이 있다.

해설 '포장 화물은 보관 중 또는 수송 중에 밑에 쌓은 화물이 반드시 압축하중을 받는다'는 보관 및 수송 중의 압축하중에 해당된다.

정답 04. ④   05. ③   06. ③   07. ①   08. ④   09. ①

10. 포장화물 운송과정의 외압과 보호요령에 대한 설명으로 틀린 것은?

① 하역 시의 충격 중 가장 큰 충격은 낙하충격이다.
② 나무상자는 강도의 변화가 커 시간이나 외부 환경에 의해 변화를 받기 쉬우므로 외부의 온도나 습기, 방치시간 등에 특히 유의하여야 한다.
③ 포장화물은 보관 중 또는 수송 중에 밑에 쌓은 화물은 압축하중을 받는다.
④ 수송 중의 충격으로는 트랙터와 트레일러를 연결할 때 발생하는 수평충격이 있는데, 이것은 낙하충격에 비하면 적은 편이다.

해설 나무상자는 강도의 변화가 거의 없으나 골판지는 시간이나 외부 환경에 의해 변화를 받기 쉬우므로 외부의 온도나 습기, 방치시간 등에 특히 유의하여야 한다.

11. 포장화물 운송과정의 외압과 보호요령에서 보관 및 수송 중의 압축하중에 대한 설명으로 틀린 것은?

① 포장화물은 보관 중 또는 수송 중에 밑에 쌓은 화물이 압축하중을 받는다.
② 통상 높이는 창고에서는 6m, 트럭이나 화차에서는 4m이지만 주행 중에는 상·하 진동을 받으므로 2배 정도로 압축하중을 받게 된다.
③ 골판지는 시간이나 외부환경에 의해 변화를 받기 쉽다.
④ 내하중은 포장 재료에 따라 상당히 다르다. 나무상자는 강도의 변화가 거의 없으나, 골판지는 시간이나 외부환경에 의해 변화를 받기 쉽다.

해설 통상 높이는 창고에서는 4m, 트럭이나 화차에서는 2m이지만 주행 중에는 상·하 진동을 받으므로 2배 정도로 압축하중을 받게 된다.

12. 보관 중 또는 수송 중에 밑에 쌓은 포장화물은 반드시 압축하중을 받고 있다. 주행 중에 상·하 진동을 받을 때 압축하중은 몇 배 정도를 받게 되는가?

① 1배 정도로 압축하중을 받게 된다.
② 2배 정도로 압축하중을 받게 된다.
③ 3배 정도로 압축하중을 받게 된다.
④ 4배 정도로 압축하중을 받게 된다.

해설 주행 중에 상·하 진동을 받을 때 압축하중은 2배 정도를 받는다.

04 운행요령

01. 컨테이너 상차 등에 따른 주의사항 중 화주 공장에 도착하였을 때의 확인사항으로 틀린 것은?

① 공장 내 운행속도를 준수한다.
② 복장 불량(슬리퍼, 런닝 차림 등), 폭언 등은 절대 하지 않는다.
③ 사소한 문제라도 발생하면 직접 담당자와 문제를 해결한다.
④ 상·하차할 때 시동은 반드시 끈다.

해설 사소한 문제라도 발생하면 직접 담당자와 문제를 해결하려고 하지 말고, 반드시 배차부서에 연락한다.

02. 트랙터(Tractor) 운행에 따른 주의사항으로 틀린 것은?

① 중량물 및 활대품을 수송하는 경우에는 바인더 잭(Binder Jack)으로 화물결박을 철저히 하고, 운행할 때에는 수시로 결박 상태를 확인한다.
② 고속주행 중의 급제동은 잭나이프 현상 등의 위험을 초래하므로 조심한다.
③ 장거리 운행 시 최소한 2시간 주행마다 10분 이상 휴식하면서 타이어 및 화물결박 상태를 확인한다.
④ 가능한 한 경사진 곳에 주차하도록 한다.

해설 트랙터(Tractor)는 가능한 한 경사진 곳에 주차하지 않도록 한다.

03. 고속도로의 운행이 제한되는 차량 총중량은?

① 25톤　　② 30톤
③ 35톤　　④ 40톤

해설 차량 총중량이 40톤을 초과하는 경우 고속도로의 운행이 제한된다.

04. 화물자동차가 적재중량보다 50%를 초과한 과적차량의 경우 타이어 내구수명은 얼마만큼 감소하는가?

① 30% 감소　② 40% 감소
③ 50% 감소　④ 60% 감소

해설 화물자동차가 적재중량보다 50%를 초과한 과적차량의 경우 타이어 내구수명은 60% 감소된다.

05. 도로법에서 운행제한기준인 축하중 10톤을 기준으로 보았을 때 축하중이 10%만 증가하여도 도로 파손에 미치는 영향으로 맞는 것은?

① 30%가 상승한다.　② 40%가 상승한다.
③ 50%가 상승한다.　④ 60%가 상승한다.

해설 문제의 도로 파손에 미치는 영향은 50%가 상승된다.

06. 고속도로 운행 시 제한되는 차량으로 틀린 것은?

① 적재물을 포함한 차량의 폭이 2.5m 초과한 차량
② 차량의 총중량이 40톤을 초과한 차량
③ 차량의 축하중이 10톤을 초과한 차량
④ 적재물을 포함한 차량의 높이가 3.5m 초과한 차량

해설 적재물을 포함한 차량의 높이가 4.0m 초과하는 경우 고속도로의 운행이 제한된다.

07. 축하중 과적차량 통행이 도로포장에 미치는 파손비율에 대한 설명으로 틀린 것은?

① 10톤 - 승용차 7만 대 통행과 같은 도로파손 - 1.0배
② 11톤 - 승용차 11만 대 통행과 같은 도로파손 - 1.5배
③ 13톤 - 승용차 20만 대 통행과 같은 도로파손 - 3.0배
④ 15톤 - 승용차 39만 대 통행과 같은 도로파손 - 5.5배

해설 13톤 - 승용차 21만 대 통행과 같은 도로파손 - 3.0배

08. 다음 중 적재량 측정을 위한 공무원의 차량동승요구를 거부한 자에 대한 벌칙은?

① 1년 이하의 징역 또는 1천만원 이하 벌금
② 1년 이상의 징역 또는 1천만원 이상 벌금
③ 2년 이하의 징역 또는 2천만원 이상 벌금
④ 2년 이상의 징역 또는 2천만원 이상 벌금

해설 적재량 측정을 위한 공무원의 차량동승요구를 거부한 자에 대한 벌칙은 1년 이하의 징역 또는 1천만원 이하의 벌금에 처한다.

05 화물의 인수·인계요령

01. 화물의 인수요령에 대한 설명으로 틀린 것은?

① 운송인의 책임은 물품을 인수하고 운송장을 교부한 시점부터 발생한다.
② 제주도 및 도서지역인 경우 그 지역에 적용되는 부대비용(항공료, 도선료)을 수하인에게 징수할 수 있음을 반드시 알려주고, 이해를 구한 후 인수한다.
③ 도서지역인 경우 모든 화물은 반드시 착불로 처리한다.
④ 항공료가 착불인 경우 기타란에 항공료 착불이라고 기재하고 합계란은 공란으로 비워둔다.

해설 도서지역인 경우 차량이 직접 들어갈 수 없는 지역은 착불로 거래 시 운임을 징수할 수 없다. 소비자의 양해를 얻어 운임 및 도선료는 선불로 처리해야 한다.

02. 화물의 인계요령에 대한 설명으로 틀린 것은?

① 지점에 도착한 물품에 대해서는 당일 배송이 원칙이나 산간오지 및 당일 배송이 불가능한 경우 소비자의 양해를 구한 뒤 조치하도록 한다.
② 인수된 물품 중 부패성 물품과 긴급을 요하는 물품에 대해서는 우선적으로 배송하여 손해배상 요구가 발생하지 않도록 한다.
③ 물품 배송 중 발생할 수 있는 도난에 대비하여 근거리 배송이면 차에서 떠날 때 잠금장치를 할 필요가 없다.
④ 물품포장에 경미한 이상이 있는 경우에는 고객에게 사과하고 대화로 해결할 수 있도록 하며, 절대로 남의 탓으로 돌려 고객들의 불만을 가중시키지 않도록 한다.

해설 물품 배송 중 발생할 수 있는 도난에 대비하여 근거리 배송이라도 차에서 떠날 때는 잠금장치를 하여 사고를 미연에 방지하도록 해야 한다.

해설 운송장과 보조운송장을 부착(이중부착)하여 훼손가능성을 최소화하는 것은 받는 사람과 보낸 사람을 알 수 없는 화물사고에 해당된다.

03. 화물의 인계요령에 대한 설명으로 틀린 것은?
① 수하인 부재인 경우 수하인과 연락하여 지정한 장소에 물건을 놓는다.
② 수하인이 직접 화물을 가지러 온 경우 반드시 집까지 같이 가서 배달해 주어야 한다.
③ 물품 배송 중 발생할 수 있는 도난에 대비하여 근거리 배송이라도 차에서 떠날 때는 반드시 잠금장치를 하여 사고를 미연에 방지하도록 한다.
④ 지점에 도착된 물품에 대해서는 당일 배송이 원칙이다.

해설 배송 중 수하인이 직접 찾으러 오는 경우 물품을 전달할 때 반드시 본인 확인을 한 후 물품을 전달하고, 인수확인란에 직접 서명을 받아 그로 인한 피해가 발생하지 않도록 유의한다. 반드시 집까지 같이 가서 배달할 필요는 없다.

04. 화물이 파손되는 이유로 틀린 것은?
① 화물을 함부로 던지거나 발로 차거나 끄는 경우
② 화물을 적재할 때 무분별한 적재로 압착되는 경우
③ 집배송을 위해 차량을 이석하였을 때 차량 내 화물이 도난당한 경우
④ 차량에 상하차할 때 컨베이어 벨트 등에서 떨어져 파손되는 경우

해설 집배송을 위해 차량을 이석하였을 때 차량 내 화물이 도난당한 경우는 분실사고의 원인이다.

05. 사고화물 배달 등의 요령으로 다른 하나는?
① 화주와 화물상태를 상호 확인하고 상태를 기록한 뒤, 사고관련 자료를 요청한다.
② 화주의 심정은 상당히 격한 상태임을 생각하고 사고의 책임여하를 떠나 대면할 때 정중히 인사를 한 뒤, 사고경위를 설명한다.
③ 대략적인 사고처리과정을 알리고 해당 지점 또는 사무소 연락처와 사후조치에 대해 안내를 하고, 사과를 한다.
④ 운송장과 보조운송장을 부착(이중부착)하여 훼손 가능성을 최소화한다.

06. 화물사고 발생 시 영업사원의 역할에 대한 설명으로 틀린 것은?
① 영업사원은 회사를 대표하여 사고처리를 위한 고객과의 최접점의 위치에 있으므로 투철한 사명감을 갖는다.
② 영업사원은 초기 고객응대가 사고처리의 방향을 좌우한다는 인식을 가지고, 고객을 응대해야 한다.
③ 영업사원은 최대한 정중한 자세와 냉철한 판단력을 가지고 사고를 수습해야 하는데 진상고객은 서비스센터로 이관한다.
④ 영업사원의 모든 조치가 회사 전체를 대표하는 행위로 고객의 서비스 만족 성향을 좌우한다는 신념으로 적극적인 업무자세가 필요하다.

해설 영업사원은 최대한 정중한 자세와 냉철한 판단력을 가지고 사고를 수습하여야 한다.

07. 다음 중 화물의 분실사고의 대책으로 틀린 것은?
① 상습적으로 오손이 발생하는 화물은 안전박스에 적재하여 위험으로부터 격리한다.
② 차량에서 벗어날 때 시건장치를 철저히 확인한다.
③ 인계할 때 인수자 확인은 반드시 인수자가 직접 서명하도록 한다.
④ 집하할 때 화물 수량 및 운송장 부착 여부 확인 등 분실 원인을 제거한다.

해설 상습적으로 오손이 발생하는 화물은 안전박스에 적재하여 위험으로부터 격리하는 것은 오손사고의 대책이다.

06 화물자동차의 종류

01. 자동차관리법령상 화물자동차 세부기준 중 화물자동차에 대한 설명으로 틀린 것은?
① 일반형 ② 덤프형
③ 캡 오버 엔진트럭 ④ 특수작업형

03. ② 04. ③ 05. ④ 06. ③ 07. ① / 01. ④

해설 특수작업형은 특수자동차의 종류이다.

02. 화물실의 지붕이 없고, 옆판이 운전대와 일체로 되어 있는 화물자동차는 무엇인가?
① 보닛 트럭   ② 밴
③ 캡 오버 엔진 트럭   ④ 픽업

해설 픽업(Pickup)은 화물실의 지붕이 없고, 옆판이 운전대와 일체로 되어 있는 화물자동차이다.

03. 다음 중 트레일러의 장점으로 틀린 것은?
① 트랙터의 효율적 이용
② 중계지점에서의 탄력적인 이용
③ 트랙터와 운전자의 효율적 운영
④ 효과적인 비적재량

해설 ④ 효과적인 적재량이 올바른 표현이다.

04. 차에 실은 화물의 쌓아 내림용 크레인을 갖춘 특수 장비 자동차로 맞는 것은?
① 덤프차   ② 크레인 붙이 트럭
③ 레커차   ④ 트럭 크레인

해설 크레인 붙이 트럭 : 차에 실은 화물의 쌓아 내림용 크레인을 갖춘 특수 장비 자동차

05. 하대에 간단히 접는 형식의 문짝을 단 차량으로 우리나라에서 가장 보유 대수가 많고 일반화된 차량으로 맞는 것은?
① 덤프 트럭   ② 카고 트럭
③ 탱크로리   ④ 분립체 수송차

해설 ① 덤프 트럭 : 적재함 높이를 경사지게 하여 적재물을 쏟아내리는 차량으로 주로 흙, 모래를 수송하는 데 사용
③ 액체 수송차(탱크로리) : 각종 액체를 수송하기 위해 탱크형식의 적재함을 장착한 차량이다.(휘발유로리, 우유로리 등으로 부름)
④ 분립체 수송차(벌크차량) : 시멘트, 사료, 화학제품, 식품 등 분립체를 자루에 담지 않고 실물 상태로 운반하는 차량

06. 적재함 구조에 의한 화물자동차의 종류에서 카고트럭에 대한 설명으로 틀린 것은?
① 하대에 간단히 접는 형식의 문짝을 단 차량으로 일반적으로 트럭 또는 카고트럭이라고 부른다.
② 카고트럭은 우리나라에서 가장 보유대수가 많고 일반화된 것이다.
③ 차종은 적재량 1톤 미만의 소형차로부터 6톤 이상의 대형차에 이르기까지 그 수가 많다.
④ 카고트럭의 하대는 귀틀(세로귀틀, 가로귀틀)이라고 불리는 받침부분과 화물을 얹는 바닥부분, 그리고 짐무너짐을 방지하는 문짝 3개의 부분으로 이루어져 있다.

해설 차종은 적재량 1톤 미만의 소형차로부터 12톤 이상의 대형차에 이르기까지 그 수가 많다.

07. 원동기부의 덮개가 운전실의 앞쪽에 나와 있는 트럭의 화물자동차 종류의 명칭으로 맞는 것은?
① 보닛 트럭   ② 캡 오버 엔진 트럭
③ 밴(Van)   ④ 픽업(Pickup)

해설 보닛 트럭 : 원동기부의 덮개가 운전실의 앞쪽에 나와 있는 트럭의 화물자동차를 말한다.

08. 총하중의 일부분이 견인하는 자동차에 의해서 지탱되도록 설계된 트레일러의 종류로 맞는 것은?
① 풀(Full) 트레일러 연결차량
② 더블 트레일러 연결차량
③ 세미 트레일러 연결차량
④ 폴(Pole) 트레일러 연결차량

해설 세미 트레일러 연결차량 : 세미 트레일러용 트랙터에 연결하여, 총하중의 일부분이 견인하는 자동차에 의해서 지탱되도록 설계된 트레일러를 말한다.

09. 폴 트레일러(Pole trailer)에 대한 설명으로 틀린 것은?
① 기둥, 통나무 등 장척의 적하물 자체가 트랙터와 트레일러의 연결부분을 구성하는 구조의 트레일러이다.
② 축 거리는 적하물의 길이에 따라 조정할 수 없다.
③ 트랙터에 턴테이블을 비치하고, 폴트레일러를 연결해서 적재함과 턴테이블이 적재물을 고정시키는 것이다.

④ 파이프 H형강 등 장척물의 수송을 목적으로 한 트레일러이다.

해설 ② 축 거리는 적하물의 길이에 따라 조정할 수 있다.

10. 트레일러의 장점에 대한 설명으로 틀린 것은?
① 트랙터의 효율적 이용
② 탄력적인 작업 또는 트랙터와 운전자의 효율적 운영
③ 효과적인 적재량
④ 장기적인 보관기능 실현

해설 장기적인 보관기능의 실현이 아닌 일시 보관기능의 실현이 정답이다.

11. 트레일러(Trailer)의 구조 형상에 따른 종류에 대한 설명으로 틀린 것은?
① 평상식(Flat bed) : 적재할 때 전고가 낮은 하대를 가진 트레일러이다.
② 오픈 톱 트레일러(Open top trailer) : 밴 트레일러 일종이며, 천장에 개구부가 있어 채광이 들어가도록 한 트레일러이다.
③ 중저상식(Drop bed) : 저상식 트레일러 중 프레임 중앙 하대부가 오목하게 낮은 트레일러이다.
④ 스케레탈 트레일러(Skeletal trailer) : 컨테이너 운송을 위해 제작된 트레일러로서, 컨테이너 고정 장치가 부착되어 있으며, 20피트(feet)용, 40피트용 등 여러 종류가 있다.

해설 평상식(Flat bed) : 전장의 프레임 평면의 하대를 가진 구조로서 일반화물이나 강재 등의 수송에 적합하다.

12. 화물자동차의 유형별 세부기준에 대한 설명으로 틀린 것은?
① 일반형 : 보통 화물운송용인 것
② 덤프형 : 적재함을 원동기의 힘으로 기울여 적재물을 중력에 의하여 쉽게 미끄러뜨리는 구조의 화물운송용인 것
③ 밴형 : 지붕구조의 덮개가 없는 화물운송용인 것
④ 특수용도형 : 특정한 용도를 위하여 특수한 구조로 하거나, 기구를 장치한 것

해설 밴형 : 지붕구조의 덮개가 있는 화물운송용인 것

13. 시멘트, 사료, 곡물, 화학제품 등 분립체를 자루에 담지 않고, 실물상태로 운반하는 차량으로 맞는 것은?
① 전용특장차(덤프트럭, 벌크차량, 액체수송차)
② 합리화 특장차(실내 하역기기, 장비차, 측방 개방차)
③ 화물자동차(일반형, 덤프형, 밴형, 특수용도형)
④ 분립체 수송차(벌크 차량)

해설 분립체 수송차 : 시멘트, 사료, 곡물, 화학제품 등 분립체를 자루에 담지 않고, 실물상태로 운반하는 차량

14. 화물을 싣거나 부릴 때에 발생하는 하역을 합리화 하는 설비기기를 차량 자체에 장비하고 있는 차는 무엇인가?
① 화물자동차   ② 전용특장차
③ 합리화 특장차   ④ 액체수송차

해설 합리화 특장차 : 화물을 싣거나 부릴 때에 발생하는 하역을 합리화하는 설비기기를 차량 자체에 장비하고 있는 차

15. 합리화 특장차의 종류가 아닌 것은?
① 실내 하역기기 장비차
② 측방 개폐차
③ 쌓기 · 내리기 합리화차
④ 액체 수송차(탱크로리)

해설 액체 수송차(탱크로리)는 전용특장차에 해당된다.

07 화물운송의 책임한계

01. 다음 중 이사화물에서 인수거절할 수 있는 물품으로 틀린 것은?
① 불결한 물품 등 다른 화물에 손해를 끼칠 염려가 있는 물건을 인수거절할 수 있다.
② 현금, 유가증권, 귀금속, 예금통장, 신용카드, 인감 등 고객이 휴대할 수 있는 귀중품
③ 일반이사화물의 종류, 무게, 부피, 운송거리 등에 따라 운송에 적합하도록 포장할 것을 사업자가 요청하였으나 고객이 이를 거절한 물건

09. ② 10. ④ 11. ① 12. ③ 13. ④ 14. ③ 15. ④

④ 일반 이사화물의 종류, 무게, 부피, 운송거리 등에 따라 적합하도록 포장할 것을 사업주가 요청하여 고객이 이를 다시 포장한 물건

해설 사업자가 요청하여 고객이 이를 다시 포장한 물건은 인수를 거절할 수 없으며 사업자가 요청하였으나 고객이 이를 거절한 물건은 인수를 거절할 수 있다.

02. 이사화물이 운송 중에 멸실, 훼손 또는 연착된 경우 사업자는 고객의 요청이 있으면 그 멸실, 훼손 또는 연착한 날로부터 사고증명서를 발행하여야 하는데 그 기간으로 맞는 것은?

① 1년에 한하여 사고증명서를 발행한다.
② 2년에 한하여 사고증명서를 발행한다.
③ 3년에 한하여 사고증명서를 발행한다.
④ 4년에 한하여 사고증명서를 발행한다.

해설 이사화물이 운송 중에 멸실, 훼손 또는 연착된 경우 사업자는 고객의 요청이 있으면 그 멸실, 훼손 또는 연착한 날로부터 사고증명서를 1년에 한하여 발행한다.

03. 택배 표준약관 중 운송물의 인도일에 대한 설명으로 틀린 것은?

① 운송장에 인도예정일의 기재가 없는 경우에는 운송장에 기재된 운송물의 수탁일로부터 일반 지역은 2일 이내에 인도한다.
② 운송장에 인도예정일의 기재가 있는 경우에는 그 기재된 날 인도한다.
③ 운송장에 인도예정일의 기재가 없는 경우에는 운송장에 기재된 운송물의 수탁일로부터 도서, 산간벽지는 4일 이내에 인도한다.
④ 사업자는 수하인이 특정 일시에 사용할 운송물을 수탁한 경우에는 운송장에 기재된 인도예정일의 특정 시간까지 운송물을 이동한다.

해설 운송물의 인도일에 대한 설명에서 운송장에 인도예정일의 기재가 없는 경우에는 운송장에 기재된 운송물의 수탁일로부터 도서, 산간벽지는 3일 이내에 인도한다.

04. 택배 표준약관 중 수하인 부재 시의 조치에 대한 설명으로 틀린 것은?

① 수하인에게 인도할 운송물은 사업소에 보관한 후 후일 인도한다.
② 사업자는 운송물의 인도 시 수하인으로부터 인도확인을 받아야 한다.
③ 운송물을 수하인의 대리인에게 인도하였을 경우에는 수하인에게 그 사실을 통지하지 않아도 무방하다.
④ 사업자는 수하인의 부재로 인하여 운송물을 인도할 수 없는 경우에는 수하인에게 운송물을 인도하고자 한 일시, 사업자의 명칭, 문의할 전화번호, 기타 운송물의 인도에 필요한 사항을 기재한 부재중 방문표를 사용한다(문틈 속에 넣는다).

해설 운송물을 수하인의 대리인에게 인도하였을 경우에는 수하인에게 그 사실을 통지한다.

05. 고객의 귀책사유로 이사화물의 인수가 약정된 일시로부터 2시간 이상 지체된 경우 사업자가 고객에게 할 수 있는 손해배상청구 방법은?

① 사업자는 계약해제하고 계약금의 배액 청구
② 사업자는 계약해제하고 계약금의 4배 청구
③ 사업자는 계약해제하고 계약금의 6배 청구
④ 사업자는 계약해제하고 계약금의 8배 청구

해설 고객의 귀책사유로 이사화물의 인수가 약정된 일시로부터 2시간 이상 지체된 경우 사업자는 계약해제하고 계약금의 배액을 청구해야 한다.

06. 이사화물이 천재지변 등 불가항력적 사유 또는 고객의 책임 없는 사유로 전부 또는 일부 멸실되거나 수선이 불가능할 정도로 훼손된 경우 사업자는 멸실·훼손된 이사화물에 대한 운임 등을 청구할 수 있는가?

① 운임 등은 청구할 수 있다.
② 이미 받은 운임 등을 반환할 필요가 없다.
③ 운임 등은 이를 청구할 수 없다.
④ 운임을 면제할 수 있다.

해설 운임 등은 이를 청구하지 못한다.

01. ④ 02. ① 03. ③ 04. ③ 05. ① 06. ③

07. 이사화물의 멸실, 훼손 또는 연착에 대한 사업자의 손해배상책임은 고객이 이사화물을 인도받은 날로부터 몇 년이 경과하면 소멸되며, 이사화물이 전부 멸실된 경우의 기산 기준일로 옳은 설명은?

① 1년이 경과하면 소멸되고, 전부 멸실된 경우는 약정된 인도일로부터 기산한다.
② 1년 10월이 경과하면 소멸되고, 전부 멸실된 경우는 약정된 인도일로부터 기산한다.
③ 3년이 경과하면 소멸되고, 전부 멸실된 경우는 약정된 인도일로부터 기산한다.
④ 5년이 경과하면 소멸되고, 전부 멸실된 경우는 약정된 인도일로부터 기산한다.

해설 이사화물의 멸실, 훼손 또는 연착에 대한 사업자의 손해배상책임은 고객이 이사화물을 인도받은 날로부터 1년이 경과하면 소멸(이사화물이 전부 멸실된 경우에는 약정된 인도일부터 기산)한다.

08. 사업자 또는 그 사용인이 이사화물의 일부 멸실 또는 훼손의 사실을 알면서 이를 숨기고 이사화물을 인도한 경우 사업자의 손해배상책임 유효기간 존속 기간은 몇 년인가?

① 인도받은 날로부터 4년간 존속한다.
② 인도받은 날로부터 5년간 존속한다.
③ 인도받은 날로부터 6년간 존속한다.
④ 인도받은 날로부터 2년간 존속한다.

해설 사업자 또는 그 사용인이 이사화물의 일부 멸실 또는 훼손의 사실을 알면서 이를 숨기고 이사화물을 인도한 경우 사업자의 손해배상책임 유효기간 존속 기간은 인도받은 날로부터 5년간 존속한다.

09. 이사화물의 멸실, 훼손 또는 연착에 대한 사업자의 손해배상 책임은 고객이 이사화물을 인도받은 날부터 얼마의 기간이 경과하면 소멸하는가?

① 30일 ② 90일
③ 1년   ④ 2년

해설 이사화물의 멸실, 훼손 또는 연착에 대한 사업자의 손해배상 책임은 고객이 이사화물을 인도받은 날부터 1년이 경과하면 소멸한다.

10. 다음 택배 표준약관의 규정에서 사업자가 운송물의 수탁을 거절할 수 있는 사유로 틀린 것은?

① 고객이 운송장에 필요한 사항을 기재하지 아니한 경우
② 고객이 사업자의 청구나 승낙을 거절하여 운송에 적합한 포장이 되지 않은 경우
③ 고객이 사업자의 확인을 거절하거나 운송물의 종류와 수량이 운송장에 기재된 것과 다른 경우
④ 운송물 1포장의 가액이 200만 원을 초과하는 경우

해설 운송물 1포장의 가액이 300만 원을 초과하는 경우 사업자가 운송물의 수탁을 거절할 수 있다.

11. 운송장에 인도예정일이 기재되어 있지 않은 경우 일반 지역은 언제까지 운송물을 인도하여야 하는가?

① 운송물의 수탁일부터 2일
② 운송물의 수탁일부터 5일
③ 운송물의 수탁일부터 7일
④ 그 기재된 날

해설 운송장에 인도예정일의 기재가 없는 경우에 일반 지역은 운송장에 기재된 운송물의 수탁일부터 2일까지 운송물을 인도한다.

12. 고객이 운송장에 운송물의 가액을 기재하지 않은 경우 사업자의 손해배상 한도액으로 맞는 것은?

① 50만 원   ② 150만 원
③ 200만 원   ④ 500만 원

해설 고객이 운송장에 운송물의 가액을 기재하지 않은 경우의 사업자의 손해배상 한도액은 50만 원이다.

13. 고객이 운송장에 운송물의 가액을 기재하지 않은 경우의 사업자의 손해배상 방법으로 틀린 것은? (단, 손해배상 한도액은 50만 원으로 하되, 운송물의 가액에 따라 할증요금을 지급하는 경우 손해배상한도액은 각 운송가액 구간별 운송물의 최고가액으로 한다)

① 전부 멸실된 때 : 인도예정일의 인도예정장소에서의 운송물 가액을 기준으로 산정한 손해액 지급

② 일부 멸실된 때 : 인도일의 인도장소에서의 운송물 가액을 기준으로 산정한 손해액 지급

③ 연착되고 일부 멸실 또는 훼손된 때 : 인도일의 인도장소에서의 운송물 가액을 기준으로 산정한 손해액을 지급하고, 훼손된 때는 수선이 가능한 경우는 수선해 주고, 수선이 불가능한 경우는 인도예정일의 인도장소에서의 운송물 가액을 기준으로 산정한 손해액의 지급

④ 수선이 가능하게 훼손된 때와 수선이 불가능하게 훼손된 경우 : 수선이 가능하게 훼손된 경우는 수선해주고, 수선이 불가능하게 훼손된 경우는 인도예정일의 인도장소에서의 운송물 가액을 기준으로 산정한 손해액의 지급

해설 수선이 가능하게 훼손된 때와 수선이 불가능하게 훼손된 경우 : 수선이 가능하게 훼손된 경우는 수선해 주고, 수선이 불가능하게 훼손된 경우는 인도일의 인도장소에서의 운송물 가액을 기준으로 산정한 손해액 지급

14. 운송물의 일부 멸실 또는 훼손에 대한 사업자의 손해배상책임은 수하인이 운송물을 수령한 날로부터 그 일부 멸실 또는 훼손의 사실을 사업자에게 며칠 이내에 통지하지 아니하면 소멸되는가?

① 7일 이내에 통지하지 아니하면 소멸한다.
② 14일 이내에 통지하지 아니하면 소멸한다.
③ 21일 이내에 통지하지 아니하면 소멸한다.
④ 28일 이내에 통지하지 아니하면 소멸한다.

해설 운송물의 일부 멸실 또는 훼손에 대한 사업자의 손해배상책임은 수하인이 운송물을 수령한 날로부터 그 일부 멸실 또는 훼손의 사실을 사업자에게 14일 이내에 통지하지 아니하면 소멸한다.

3 PART
안전운행요령

CHAPTER 01 용어의 정리

1	교통사고의 3대 또는 4대 요인	인적 요인 (운전자, 보행자)	신체, 생리, 심리, 적성, 습관, 태도요인 등을 포함. 운전자 또는 보행자의 신체적·생리적 조건, 위험의 인지와 회피에 대한 판단, 심리적 조건 등에 관한 것. 그리고 운전자의 적성과 자질, 운전습관, 내적 태도 등에 관한 것
		차량요인	차량구조장치, 부속품 또는 적하 등
		도로요인	도로구조, 안전시설 등에 관한 것 도로의 선형, 노면, 차로수, 노폭, 구배 등에 관한 것 안전시설 : 신호기, 노면표시, 방호책 등 도로의 안전시설에 관한 것을 포함
		환경요인	⊙ 자연환경 : 기상, 일광 등 자연조건에 관한 것 ⓒ 교통환경 : 차량 교통량, 운행차 구성, 보행자 교통량 등 교통 상황에 관한 것 ⓒ 사회환경 : 일반국민·운전자·보행자 등의 교통도덕, 정부의 교통정책, 교통단속과 형사처벌 등 ⓔ 구조환경 : 교통여건 변화, 차량점검 및 정비관리자와 운전자의 책임한계 등
2	운전특성		• 자동차를 운행하고 있는 운전자는 교통상황을 알아차림(인지) • 어떻게 자동차를 움직여 운전할 것인가를 결정(판단) • 그 결정에 따라 자동차를 움직이는 운전행위(조작)이며 운전자 요인에 교통사고는 "인지–판단–조작" 과정의 어느 특정한 과정 또는 둘 이상의 연속된 과정의 결함에서 비롯
3	운전과 관련되는 시각 특성		① 운전자는 운전에 필요한 정보의 대부분을 시각을 통하여 획득한다. ② 속도가 빨라질수록 시력은 떨어진다. ③ 속도가 빨라질수록 시야의 범위가 좁아진다. ④ 속도가 빨라질수록 전방주시점은 멀어진다.
4	정지시력		아주 밝은 상태에서 1/3인치(0.85cm) 크기의 글자를 20피트(6.10m) 거리에서 읽을 수 있는 사람의 시력을 말하고, 정상시력은 20/20으로 나타난다. 즉 5m 거리에서 흰 바탕에 검정으로 그린 란돌트 고리시표의 끊어진 틈을 식별할 수 있는 시력을 1.0으로 나타낸다.
5	운전면허의 시력기준 (교정시력 포함)		도로교통법령에 정한 교정시력 포함한 시력 ① 제1종 운전면허 : 두 눈을 동시에 뜨고 잰 시력이 0.8 이상, 두 눈의 시력이 각각 0.5 이상이어야 한다. 다만 한쪽 눈을 보지 못한 사람은 다른 쪽 눈의 시력이 0.8 이상이어야 한다. ② 제2종 운전면허 : 두 눈을 동시에 뜨고 잰 시력이 0.5 이상이어야 한다. 다만 한쪽 눈을 보지 못한 사람은 다른 쪽 눈의 시력이 0.6 이상이어야 한다. ③ 붉은색, 녹색, 노란색을 구별할 수 있어야 한다.
6	동체시력		움직이는 물체(자동차, 사람 등) 또는 움직이면서(운전하면서) 다른 자동차나 사람 등의 물체를 보는 시력을 말한다.

7	동체시력 특성	정지시력 1.2인 사람이 시속 50km 주행운전 시 시력 고정된 대상물을 볼 때 시력은 0.7 이하로 저하되고, 시속 90km라면 시력이 0.5 이하로 떨어진다. • 동체시력은 연령이 높을수록 더욱 저하된다. • 동체시력은 장시간 운전에 의한 피로상태에서도 저하된다.
8	야간시력 (1)	야간의 시력저하(가장 운전하기 힘든 시간 : 해가 질 무렵) 해질 무렵에는 전조등을 비추어도 주변의 밝기와 비슷하고 다른 자동차나 보행자를 보기가 어렵기 때문에 더욱이 야간에는 어둠으로 인해 대상물을 명확하게 보기 어렵기 때문에 가로등이나 전조등이 사용된다.
9	야간시력 (2)	야간시력과 주시대상 : 사람이 입고 있는 옷 색깔의 영향(사람인지, 동작방향 확인) 무엇인가 존재한다는 것을 인지하기 쉬운 옷 색깔 순위 : 흰색, 엷은 황색, 그리고 흑색이 가장 어렵다. 무엇인가 사람이라는 것을 확인하기 쉬운 옷 색깔 순위 : 적색, 백색의 순서이며 흑색이 가장 어렵다.
10	시야	시야와 주변시력 ① 정상적인 시력을 가진 사람의 시야범위는 180~200°이다. ② 시축에서 3° 벗어나면 약 80%, 6° 벗어나면 약 90%, 12° 벗어나면 약 99%가 저하된다. ③ 한쪽 눈의 시야는 좌우 각각 약 160° 정도이며 양쪽 눈으로 색채를 식별할 수 있는 범위는 약 70°이다.
11	시야(속도와 시야)	속도와 시야에서 정상시력을 가진 운전자가 100km/h로 운전 중일 때의 시야의 범위는 약 40°이다(시속 70km면 약 65°). 시속 40km면 약 100° 속도가 높아질수록 시야범위는 점점 줄어든다.
12	주행시공간 (走行視空間)의 특성	① 속도가 빨라질수록 주시점은 멀어지고, 시야는 좁아진다. ② 속도가 빨라질수록 가까운 곳의 풍경(근경)은 더욱 흐려지고 작고 복잡한 대상은 잘 확인되지 않는다. ※ 고속주행로상에 설치하는 표지판을 크고, 단순한 모양으로 하는 것은 이런 점을 고려한 것이다.
13	사고의 심리	교통사고의 요인 |	간접적 요인	교통사고 발생을 용이하게 한 상태를 만든 조건 ㉠ 운전자에 대한 홍보활동 결여 또는 훈련의 결여 ㉡ 차량의 운전 전 점검습관 결여 ㉢ 무리한 운행계획 ㉣ 안전운전을 위한 교육태만, 안전지식 결여 ㉤ 직장이나 가정에서 인간관계 불량 등
중간적 요인	중간적 요인만으로 교통사고와 직결되지 않는다. ㉠ 운전자의 지능 ㉡ 운전자의 성격 ㉢ 심신기능 ㉣ 불량한 운전태도 ㉤ 음주, 과로 등
직접적 요인	사과와 직접 관계있다. ㉠ 사고와 직접 과속과 같은 법규위반 행위 ㉡ 위험인지의 지연(위험한 상황을 뒤늦게 인지하는 것) ㉢ 운전조작의 잘못과 잘못된 위기대처 등	

		착각의 구분	
14	사고의 심리적 요인	크기의 착각	어두운 곳에서는 가로 폭보다, 세로 폭을 보다 넓은 것으로 판단한다.
		원근의 착각	작은 것은 멀리 있는 것으로, 덜 밝은 것은 멀리 있는 것으로 느껴진다.
		경사의 착각	㉠ 작은 경사는 실제보다 작게, 큰 경사는 실제보다 크게 보인다. ㉡ 오름 경사는 실제보다 크게, 내림 경사는 실제보다 작게 보인다.
		속도의 착각	㉠ 주시점이 가까운 좁은 시야에서는 빠르게 느껴진다. ㉡ 비교대상이 먼 곳에 있을 때는 느리게 느껴진다. ㉢ 상대 가속도감(반대방향), 상대 감속도감(동일방향)을 느낀다.
		상반의 착각	㉠ 주행 중 급정거 시 반대방향으로 움직이는 것처럼 보인다. ㉡ 큰 물건들 가운데 있는 작은 물건은 작은 것들 가운데 있는 같은 물건보다 작아 보인다. ㉢ 한쪽 방향의 곡선을 보고 반대방향의 곡선을 봤을 경우 실제보다 더 구부러져 있는 것처럼 보인다.

15	보행자 (보행자 사고의 실태)	보행자 교통사고 실태 : 우리나라(한국)가 가장 높다. 보행 중 교통사고 사망자 구성비 : 우리나라(38.9%)가 OECD 평균(19.3%)보다 제일 높다. 미국(12.1%), 프랑스(14.9%), 일본(36.6%) 등에 비해 매년 높은 것으로 나타나고 있다.
16	보행자 (보행 유형과 사고)	차대 사람의 사고가 가장 많은 보행 유형 : 횡단보도 횡단, 횡단보도 부근 횡단, 육교 부근 횡단, 기타 횡단의 사고가 가장 많다(54.7%). 다음으로 어떤 형태이든 통행 중의 사고가 많으며, 연령층별로는 어린이와 노약자가 높은 비중을 차지한다.
17	교통약자 (고령 운전자 태도 및 의식관계)	고령 운전자의 의식 : 고령자 운전은 젊은 층에 비하여 상대적으로 ① 신중하다. ② 과속을 하지 않는다. ③ 반사신경이 둔하다. ④ 재빠른 판단과 동작능력이 뒤떨어지므로 돌발사태 시 대응력이 미흡하다.

		어린이의 일반적 특성과 행동능력	
18	교통약자 (어린이 교통안전)	감각적 운동단계 (0세 ~ 2세 미만)	자신과 외부세계를 구별하는 능력이 매우 미약 전적으로 보호자에게 의존
		전 조작 단계(2~7세)	2가지 이상을 동시에 생각하고 행동할 능력이 매우 미약. 직접 존재하는 것에 대해서만 사고하며 사고도 고지식함
		구체적 조작단계 (7~12세)	교통상황을 충분하게 인식하며 추상적 교통 규칙을 이해할 수준에 도달
		형식적 조작단계 (12세 이상)	보통 초등학교 6학년 이상에 해당하여 논리적 사고가 발달하고 다소 부족하지만 성인수준에 근접해 가는 수준을 갖춘다.

19	교통약자 (어린이 교통안전 1)	어린이 교통사고의 특징(10년간의 분석결과) ① 어릴수록 그리고 학년이 낮을수록 교통사고를 많이 당한다. ② 중학생 이하 어린이 교통사고 사상자는 중학생에 비해 취학 전 아동, 초등학교 저학년(1~3학년)에 집중되어 있다. ③ 보행 중(차대사람) 교통사고를 당하여 사망하는 비율이 가장 높다.

		④ 시간대별 어린이 보행사상자는 오후 4시에서 오후 6시 사이에 가장 많다. ⑤ 보행 중 사상자는 집이나 학교 근처 등 어린이 통행이 잦은 곳에서 가장 많이 발생되고 있다.
20	교통약자 (어린이 교통안전 2)	어린이의 일반적인 교통행동 특성 ① 교통상황에 대한 주의력 부족 ② 판단력이 부족하고 모방행동이 많다. ③ 사고방식이 단순하다. 사물이나 현상을 단순하게 이해한다. ④ 추상적인 말은 잘 이해하지 못하는 경우가 많다. 대상물에 대한 개념형성이 미약하다. ⑤ 호기심이 많고 모험심이 강하다. 직접 접촉해보고 직접 해결해 보자는 욕구가 있다. ⑥ 눈에 보이지 않는 것은 없다고 생각한다. 구체적인 물체를 보고서야 상황 판단을 하는 경향이 있다. ⑦ 자신의 감정을 억제하거나 참아내는 능력이 없다. 기분 나는대로 또는 감정이 변하는 대로 행동하는 충동성이 강하게 나타난다. ⑧ 제한된 주의 및 지각능력을 가지고 있다. 여러 사물에 적절히 주의를 배분하지 못하고 한 가지 사물에만 집중하는 경향을 보인다.
21	주요 안전장치	자동차 구성품 하나하나가 모두 안전에 중요한 기능을 담당하지만 주요장치는 ① 제동장치 ② 주행장치 ③ 조향장치
22	제동장치 기능	주행하는 자동차를 감속, 정지, 주차상태 유지상태
23	주행장치	휠(Wheel)의 기능 ① 타이어와 함께 차량의 중량을 지지하고, 구동력과 제동력을 지면에 전달하는 역할 ② 휠(Wheel)은 무게가 가볍고, 노면의 충격과 측력에 견딜 수 있는 강성이 있어야 한다. ③ 타이어에서 발생하는 열을 흡수하여, 대기 중으로 잘 방출시켜야 한다.
24	타이어의 중요한 역할	① 휠의 림에 끼워져서 일체로 회전하며 자동차가 달리거나 멈추는 것을 원활히 한다. ② 자동차의 중량을 지지한다. ③ 지면으로부터 받는 충격을 흡수해 현가장치와 함께 승차감을 좋게 한다. ④ 자동차의 진행방향을 전환시킬 때 중요한 역할을 한다.

25	조향장치 (1)	앞바퀴 정렬 중 "토인(Toe-in)"
		① 상태 : 앞바퀴를 위에서 보았을 때 앞쪽이 뒤쪽보다 좁은 상태
		② 기능
		   ⊙ 타이어 마모방지
		   ⓒ 바퀴회전 원활
		   ⓒ 핸들조작을 용이하게 한다.
		   ② 주행 중 타이어가 바깥쪽으로 벌어지는 것을 방지
		   ◎ 캠버에 의해 토아웃(Toe-out) 되는 것을 방지
		   ⓗ 주행저항 및 구동력의 반력으로, 토아웃 되는 것을 방지

26	조향장치 (2)	앞바퀴 정렬 중 "캠버(Camber)" ① 상태 : 자동차를 앞에서 보았을 때, 위쪽이 아래쪽보다 약간 바깥쪽으로 기울어져 있는데 (+)캠버라고 한다. 또한, 위쪽이 아래보다 약간 안쪽으로 기울어져 있는 것을 (−)캠버라고 말한다. ② 기능 　㉠ 앞바퀴가 하중을 받았을 때 아래로 벌어지는 것을 방지 　㉡ 타이어 접지면의 중심과 킹핀의 연장선이 노면과 만나는 점과의 거리인 옵셋을 적게 하여 핸들조작을 가볍게 하기 위하여 필요하다. 　㉢ 수직방향 하중에 의해 앞 차축의 힘을 방지한다.
27	조향장치 (3)	앞바퀴 정렬 중 "캐스터(Caster)" ① 상태 : 자동차를 옆에서 보았을 때, 차축과 연결되는 킹핀의 중심선이 약간 뒤로 기울어져 있는 것을 말한다. ② 기능 　㉠ 앞바퀴에 직진성을 부여하여 　㉡ 차의 롤링을 방지하고 　㉢ 핸들의 복원성을 좋게 하기 위해 필요 　㉣ 주행시 앞바퀴에 방향성을 부여 　㉤ 조향을 하였을 때 직진 방향으로 되돌아오려는 복원력을 준다.
28	현가장치의 기능과 유형	차량의 무게를 지탱하여 차체가 직접 차축에 얹히지 않도록 해주며 도로 충격을 흡수하여 운전자와 화물에 더욱 유연한 승차제공을 준다.
29	충격흡수장치 (Shock Absorber)	작동유를 채운 실린더로서 스프링의 동작을 반응하여, 피스톤이 위, 아래로 움직이며, 운전자에게 전달되는 반동량을 줄여준다.
30	원심력	원운동 시에 원의 중심으로부터 벗어나려는 힘, 즉 자동차가 커브길을 돌고 있을 때, 승객의 몸이 바깥쪽으로 밀리는 것은 원심력 때문이다. 원심력이 더욱 커지면, 마침내 차는 도로 밖으로 기울면서 튀어나간다.
31	스탠딩 웨이브 (Standing wave) 현상	타이어 회전하면 이에 따라 타이어의 원주에서는 변형과 복원을 반복한다. 타이어의 회전속도가 빨라지면 접지부에서 받은 타이어의 변형(주름)이 다음 접지시점까지도 복원되지 않고 접지의 뒤쪽에 진동의 물결이 일어나는 현상이다. ※ 일반 구조의 승용차용 타이어의 경우 대략 150km/h 전, 후의 주행속도에서 발생한다. **예방(주의필요 사항)** ① 속도를 낮춘다. ② 공기압을 높인다.
32	수막 현상 (Hydroplaning)	자동차가 물이 고인 노면을 고속으로 주행할 때 타이어는 그루부(타이어 홈) 사이에 있는 물을 배수하는 기능이 감소되어 물의 저항에 의해 노면으로부터 떠올라 물 위를 미끄러지듯이 되는 현상이다. **수막현상 예방을 하기 위한 필요사항** ㉠ 고속으로 주행을 하지 않는다. ㉡ 타이어의 공기압을 규정치보다 조금 높게 한다. ㉢ 마모된 타이어(트레드가 1.6mm 이하)를 사용하지 않는다. ㉣ 배수효과가 좋은 타이어를 사용한다.

33	페이드(Fade) 현상	비탈길을 내려가거나 내려갈 경우 브레이크를 반복으로 사용하면 마찰열이 라이닝에 축적되어, 브레이크의 제동력이 저하되는 현상
34	오버스티어링	앞바퀴의 사이드 슬립 각도가 뒷바퀴의 사이드 슬립 각도보다 작을 때(주행속도가 빠를수록 현저하게 발생)
35	베이퍼 록 (Vapor lock) 현상	액체를 사용하는 계통에서, 열에 의하여 액체가 증기(베이퍼)로 되어, 어떤 부분에 갇혀 계통의 기능이 상실되는 현상
36	워터 페이드 (Water fade) 현상	브레이크 마찰재가 물에 젖어 마찰계수가 작아져 브레이크의 제동력이 저하되는 현상 원인 : 물이 고인 도로에서 자동차를 정지시켰거나, 수중 주행을 하였을 때 이 현상이 일어나며 브레이크가 전혀 작용하지 않을 수 있다. 회복요령 : 브레이크 페달을 반복해 밟으면서, 천천히 주행하면 열에 의하여 서서히 브레이크가 회복된다.
37	모닝 록 (Morning lock) 현상	원인 : 비가 자주 오거나 습도가 높은 날, 또는 오랜 시간 주차한 후에는 브레이크 드럼에 미세한 녹이 발생하는 현상 증상 : 브레이크 드럼과 라이닝, 브레이크 패드와 디스크의 마찰계수가 높아져, 평소보다 브레이크가 지나치게 예민하게 작동된다. 제거해소 방법 : 서행하면서 브레이크를 몇 번 밟아주게 되면, 녹이 자연히 제거되면서 해소된다.
38	자동차의 진동	① 바운싱 : 상하진동 차체가 Z축 방향과 평행운동 ② 피칭 : 앞·뒤진동 차체가 Y축 중심 회전운동 ③ 롤링 : 좌·우진동 차체가 X축 중심 회전운동 ④ 요잉 : 차체 후부진동 차체가 Z축 중심으로 회전운동
39	노즈다운(다이브 현상)과 노즈업	노즈다운 : 자동차를 제동할 때 바퀴는 정지하려고 하고 차체는 관성에 의해 이동하려는 성질 때문에 앞 범퍼부분이 내려가는 현상 노즈업 : 자동차가 출발할 때 구동 바퀴는 이동하려 하지만 차체는 정지하고 있기 때문에 앞 범퍼 부분이 들리는 현상
40	타이어 마모에 영향을 주는 요인	① 공기압 ② 하중 ③ 속도 ④ 커브 ⑤ 브레이크 ⑥ 노면 : 포장된 도로에서 타이어의 수명이 100%이라면 비포장도로에서의 수명은 60%에 해당된다. 비포장도로에서의 운행은 노면에 알맞은 주행을 하여야 마모를 줄일 수 있다.
41	정지거리	자동차의 정지거리는 공주거리와 제동거리를 합한 거리
42	공주거리와 공주시간	공주시간 : 운전자가 자동차를 정지시켜야 할 상황임을 지각하고, 브레이크로 발을 옮겨, 브레이크가 작동을 시작하는 순간까지의 시간 공주거리 : 공주시간 동안 자동차가 진행한 거리
43	제동거리와 제동시간	제동시간 : 운전자가 브레이크에 발을 올려 브레이크가 막 작동을 시작하는 순간부터 자동차가 완전히 정지할 때까지의 시간 제동거리 : 제동시간 동안 자동차가 진행한 거리

44	자동차 응급조치방법	오감으로 판별하는 자동차 이상 징후(활용도가 가장 낮은 것 : 미각) ① 시각 : 부품이나 장치의 외부 굽음 변형·녹슮 등 ② 청각 : 이상한 음(소리) ③ 촉각 : 느슨함, 흔들림, 발열 상태 등 ④ 후각 : 이상 발열·냄새
45	배출가스로 구분할 수 있는 고장부분(머플러)	① 무색 : 완전연소 때는 무색 또는 약간 엷은 청색을 띤다. ② 검은색 : 농후한 혼합가스가 들어가 불완전 연소되는 경우(에어클리너 엘리먼트의 막힘, 연료장치 고장) ③ 백색(흰색) : 엔진 안에서 다량의 엔진오일이 실린더 위로 올라와 연소되는 경우(헤드개스킷 파손, 밸브의 오일씰 노후, 피스톤링 마모, 엔진보링을 할 시기가 됨)
46	도로 요인의 구분(도로구조, 안전시설)	일반적으로 도로가 되기 위한 4가지 조건 | 형태성 | 차로의 설치, 비포장의 경우에는 노면의 균일성 유지 등으로 자동차 운송수단의 통행에 용이한 형태 | | 이용성 | 사람의 왕래, 화물의 수송, 자동차의 운행등 공중의 교통영역으로 이용되는 곳 | | 공개성 | 공중의 교통에 이용되고 있는, 불특정 다수인 및 예상할 수 없을 정도로 바뀌는 숫자의 사람을 위하여 이용이 허용되고 실제 이용되고 있는 곳 | | 교통경찰권 | 공공의 안녕과 질서유지를 위해 교통경찰권이 발동될 수 있는 장소 |
47	도로의 선형과 교통사고	곡선부에서의 사고를 감소시키는 방법 편경사를 개선하고, 시거를 확보하며, 속도표지와 시선유도표지를 포함한 주의(노면)표지를 잘 설치한다.
48	곡선부의 방호울타리의 기능	① 자동차의 차도 이탈 방지 ② 탑승자 상해 또는 자동차의 파손을 감소시키는 것 ③ 자동차를 정상적인 진행방향으로 복귀시키는 것 ④ 운전자의 시선유도
49	종단경사와 교통사고	종단경사(오르막, 내리막 경사)가 커짐에 따라 사고율이 높으며 종단선형이 자주 바뀌면 종단곡선의 정점에서 시거가 단축되어 사고가 일어나기 쉽다. 일반적으로 양호한 선형조건에서 제한 시거가 불규칙적으로 나타나면 평균 사고율보다 훨씬 높은 사고율을 보인다.
50	길어깨(노견, 갓길)와 교통사고	길어깨 역할 ① 고장차가 본선 차도로 대피할 수 있고 사고 시 교통혼잡을 방지하는 역할 ② 측방 여유 폭을 가지므로 교통의 안전성과 쾌적성에 기여 ③ 유지관리 작업장이나 지하매설물에 대한 장소로 제공 ④ 절토부에서는 곡선부의 시거가 증대되어 교통안전성이 높다. ⑤ 유지가 잘 되어 있는 길어깨는 도로 미관을 높인다. ⑥ 보도 등이 없는 도로에서 보행자 등의 통행 장소로 제공

51	중앙분리대의 종류	방호울타리형	중앙분리대 내에 충분한 설치 폭의 확보가 어려운 곳에서는 차량의 대향차로의 이탈을 방지하는 곳에 비중을 두고 설치하는 형
		연석형	좌회전 차로의 제공이나 향후 차로 확장에 쓰일 공간 확보, 연석의 중앙에 잔디나 수목을 심어 녹지공간 제공, 운전자의 심리적 안정감에 기여하지만 차량과 충돌 시 차량을 본래의 주행방향으로 복원해주는 기능 미약
		광폭중앙 분리대	도로선형의 양방향 차로가 완전히 분리될 수 있는 충분한 공간 확보로 대향차량의 영향을 받지 않을 정도의 넓이를 제공

52	방호울타리의 기능	① 차량횡단을 방지할 수 있어야 한다. ② 차량을 감속시킬 수 있어야 한다. ③ 차량이 대향차로로 튕겨 나가지 않아야 한다. ④ 차량의 손상이 적도록 해야 한다.
53	일반적인 중앙분리대의 기능	① 상하차도의 교통분리 : 차량의 중앙선 침범에 의한 치명적인 정면충돌 사고 방지, 도로 중심선 축의 교통 마찰을 감소시켜 교통용량 증대 ② 평면교차로가 있는 도로에서는 폭이 충분할 때 좌회전 차로로 활용할 수 있어 교통 처리가 유연 ③ 광폭분리대의 경우 사고 및 고장차량이 정지할 수 있는 여유 공간을 제공 : 분리대에 진입한 차량에 타고 있는 탑승자의 안전 확보(진입차의 분리대 내 정차 또는 조정 능력 회복) ④ 보행자에 대한 안전섬이 됨으로써 횡단 시 안전 ⑤ 필요에 따라 유턴(U-turn) 방지 : 교통류의 혼잡을 피함으로써 안정성을 높임 ⑥ 대향차의 현광 방지 : 야간 주행시 전조등의 불빛 방지 ⑦ 도로표지, 기타 교통 관제 시설 등을 설치할 수 있는 장소를 제공 등

54	신호기(교통안전시설)의 장·단점(위험방지, 안전과 원활한 소통)	장점	㉠ 교통류의 흐름을 질서 있게 유지 ㉡ 교통처리 용량을 증대시킬 수 있음 ㉢ 교차로에서의 직각충돌사고 감소 가능 ㉣ 특정 교통류의 소통을 도모하기 위한 교통흐름을 차단 통제에 필요
		단점	㉠ 과도한 대기로 인한 지체 발생가능 ㉡ 신호지시를 무시하는 경향 조장 ㉢ 신호기 회피로 부적절한 노선 이용 ㉣ 교통사고(추돌)가 다소 증가 우려

55	교차로 황색 신호	통상 3초를 기본으로 운영한다 : 교차로의 크기에 따라 4~6초간 운영하기도 하나 부득이한 경우가 아니면 6초를 초과하는 것은 금기(禁忌)로 한다.
56	황색 신호 시 사고유형	① 교차로에서 전신호 차량과 후신호 차량의 충돌 ② 횡단보도 전 앞차 정지 시 앞차 추돌 ③ 횡단보도 통과 시 보행자, 자전거 또는 이륜차 충돌 ④ 유턴 차량과의 충돌
57	커브길의 개요	커브길은 도로가 왼쪽 또는 오른쪽으로 굽은 곡선부를 갖는 도로의 구간을 의미 **직선도로** : 곡선반경이 길어져 무한대일 때

58	차로폭	개념 : 도로의 차선과 차선 사이의 최단거리이다. 차로폭 : 대개 3.0~3.5m를 기준으로 한다. 교량 위, 터널 내, 유턴차로(회전차로), 가변차로 설치에서 부득이한 경우 2.75m 이상으로 할 수 있다. 시내 및 고속도로는 도로폭이 비교적 넓고, 골목길이나 이면도로 등에서는 도로폭이 비교적 좁다.
59	철길 건널목	철길 건널목에서 차량고장 시 대처요령 ① 즉시 동승자를 대피시키고 철도공사 직원에게 신고, 차를 건널목 밖으로 이동 조치 ② 시동이 걸리지 않을 때는 기어를 1단의 위치에 넣은 후, 클러치 페달을 밟지 않은 상태에서 엔진 키를 돌리면 시동모터의 회전으로 바퀴를 움직여 철길을 빠져 나올 수 있다.
60	여름철 계절 특성	교통사고의 특징 : 무더위, 장마, 폭우로 인한 교통환경의 악화 자동차 관리 : 여름철에는 무더위와 장마, 그리고 휴가철을 맞아 장거리를 운전하는 등의 계절적인 특징이 존재하므로 이에 대한 준비 철저 타이어마모 상태 점검 : 트레드 홈 깊이가 최저 1.6mm 이상이 되는지 확인하고 적정 공기압을 유지하고 있는지와 이상마모 여부를 점검
61	가을철 계절 특성	교통사고의 특징 : 심한 일교차로 집중적인 안개 발생 자동차 관리 : 세차 및 차체 점검, 서리제거용 열선점검, 장거리 운행 전 점검
62	위험물 운송	위험물의 성질 : 발화성, 인화성 또는 폭발성 등의 성질 위험물의 종류 : 고압가스, 화약, 석유류, 독극물, 방사성 물질 등 위험물의 적재 방법 : 운반용기와 포장외부에 표시해야 할 사항 ① 위험물의 품목 ② 화학명 ③ 수량(수납구를 위로 향하게 적재할 것)을 표시
63	위험물 운반방법	① 마찰, 흔들림의 발생 예방 또는 소화설비를 갖추고 운행할 것 ② 지정 수량 이상의 위험물을 차량으로 운반할 때는 차량의 전면 또는 후면의 보기 쉬운 곳에 표지를 게시할 것 ③ 독성가스를 차량에 적재하여 운반하는 때에는 당해 독성 가스의 종류에 따른 방독면, 고무장갑, 고무장화, 그 밖의 보호구 및 재해발생 방지를 위한 응급조치에 필요한 자재, 제독제 및 공구 등을 휴대할 것(재해 발생시 응급조치 후 가까운 소방서 기타 관계기관에 신고)
64	교통사고 및 고장 발생 시 대처 요령	고속도로 2504 긴급견인 서비스(1588-2504, 한국도로공사 콜센터) • 고속도로 본선, 갓길에 멈춰 2차사고가 우려되는 소형차량을 안전지대(휴게소, 영업소, 쉼터 등)까지 견인하는 제도로서 한국도로공사에서 비용을 부담하는 무료 서비스 • 대상차량 : 승용차, 16인 이하 승합차, 1.4톤 이하 화물차

65	운행 제한 차량 단속	운행 제한차량 종류 ① 차량의 축하중 10톤, 총중량 40톤을 초과한 차량 ② 적재물을 포함한 차량의 길이(16.7m), 폭(2.5m), 높이(4m)를 초과한 차량 ③ 적재 불량 차량(편중 적재, 스페어 타이어 고정 불량) 　• 덮개를 씌우지 않았거나 묶지 않아 결속상태 불량 차량 　• 액체 적재물 방류 차량, 견인시 사고 차량 파손품 유포 우려가 있는 차량 　• 기타 적재불량으로 인하여 적재물 낙하 우려가 있는 차량	

66	운행 제한 벌칙	내용	벌칙
		도로관리청의 차량 회차, 적재물 분리 운송, 차량 운행중지 명령에 따르지 아니한 자	2년 이하의 징역 또는 2천만 원 이하 벌금
		• 적재량 측정을 위한 공무원의 차량 동승 요구 및 관계서류 제출요구를 거부한 자 • 적재량 재측정 요구에 따르지 아니한 자	1년 이하 징역 또는 1천만 원 이하 벌금
		• 총중량 40톤, 축하중 10톤, 폭 2.5m, 높이 4m, 길이 16.7m를 초과하여 운행제한을 위반한 운전자 • 임차한 화물적재차량이 운행제한을 위반하지 않도록 관리하지 아니한 임차인 • 운행제한 위반의 지시·요구 금지를 위반한 자	500만 원 이하 과태료

67	과적차량 제한사유	① 고속도로의 포장균열, 파손, 교량의 파괴 ② 저속주행으로 인한 교통소통 지장 ③ 핸들 조작의 어려움, 타이어의 파손, 전·후방 주시 곤란 ④ 제동장치의 무리, 동력연결부의 잦은 고장 등 교통사고 유발

68	운행 제한차량 통행이 도로포장에 미치는 영향	① 축하중 10톤 : 승용차 7만대 통행과 같은 도로파손 ② 축하중 11톤 : 승용차 11만대 통행과 같은 도로파손 ③ 축하중 13톤 : 승용차 21만대 통행과 같은 도로파손 ④ 축하중 15톤 : 승용차 39만대 통행과 같은 도로파손

CHAPTER 02 문제

01 운전자의 요인과 안전운행

01. 다음 중 운전자의 정보처리과정 순서로 맞는 것은?
① 원심성 신경 → 뇌 → 의사결정과정 → 구심성 신경 → 효과기
② 구심성 신경 → 뇌 → 효과기 → 원심성 신경 → 의사결정과정
③ 구심성 신경 → 뇌 → 의사결정과정 → 원심성 신경 → 효과기
④ 원심성 신경 → 뇌 → 효과기 → 구심성 신경 → 의사결정과정

해설 운전자의 정보처리과정
운전정보 → 구심성 신경 → 뇌 → 의사결정과정 → 원심성 신경 → 효과기(운동기) → 운전 조작행위

02. 동체시력의 특성으로 틀린 것은?
① 동체시력은 물체의 이동속도가 빠를수록 상대적으로 저하된다.
② 동체시력은 연령이 높을수록 더욱 저하된다.
③ 운전시간과 관계가 없다.
④ 장시간 운전에 의한 피로 상태에서 저하된다.

해설 동체시력은 장시간 운전에 의한 피로 상태에서 저하되며, 운전시간과 관계가 있다.

03. 동체시력의 특성에 대한 설명으로 틀린 것은?
① 물체의 이동속도가 빠를수록 상대적으로 저하된다.
② 정지시력이 1.2인 사람이 시속 50km로 운전하면서 고정된 대상물을 볼 때의 시력은 0.7 이하로 떨어진다.
③ 동체시력은 연령이 높을수록 큰 차이는 없으며, 장시간 운전에 의한 피로상태에서는 경험적으로 운전이 가능하다.
④ 정지시력이 1.2인 사람이 시속 90km로 운전하면서 고정된 대상물을 볼 때의 시력은 0.5 이하로 떨어진다.

해설 동체시력은 연령이 높을수록 더욱 저하되고, 장시간 운전에 의한 피로상태에서도 저하된다.

04. 다음 중 시야에 대한 설명으로 틀린 것은?
① 속도가 높아질수록 시야의 범위는 점점 좁아진다.
② 운전 중 불필요한 대상에 주의가 집중되어 있다면 주의를 집중한 것에 비례하여 시야 범위가 좁아진다.
③ 시야 범위 안에 있는 대상물이라고 하더라도 시축에서 시각이 약 5° 벗어나면 시력은 약 90% 저하된다.
④ 정상적인 시력을 가진 사람의 시야 범위는 180°~200°이다.

해설 시야 범위 안에 있는 대상물이라고 하더라도 시축에서 시각이 약 3° 벗어나면 시력은 약 80% 저하된다.

05. 운전피로의 요인 중 운전 작업 중의 요인으로 틀린 것은?
① 신체 조건   ② 차내환경
③ 차외환경   ④ 운행 조건

해설 신체조건은 운전자의 요인에 해당한다.

06. 운전피로에 대한 설명으로 틀린 것은?
① 운전 작업에 의해서 일어나는 신체적인 변화
② 심리적으로 느끼는 무기력감
③ 객관적으로 측정되는 운전기능의 상승
④ 신체적 피로와 정신적 피로를 동시에 수반하지만, 신체적인 부담보다 오히려 심리적 부담이 더 크다.

해설 객관적으로 측정되는 운전기능의 저하

07. 전방에 있는 대상물까지의 거리를 목측하는 것은 무엇이며, 그 기능을 뜻하는 용어로 맞는 것은?
① 심경각과 심시력   ② 시야와 주변시력
③ 정지시력과 시야   ④ 동체시력과 주변시력

정답 01. ③ 02. ③ 03. ③ 04. ③ 05. ① 06. ③ 07. ①

해설 전방에 있는 대상물까지의 거리를 목측하는 것을 심경각이라 하고, 그 기능을 심시력이라 한다.

08. 시야와 주변시력에서 한쪽 눈의 시야는 좌우 각각 몇 도 정도이며, 양쪽 눈으로 색채를 식별할 수 있는 범위는 몇 도인가?

① 좌우 각각 약 160° 정도, 색채를 식별할 수 있는 범위는 70°
② 좌우 각각 약 180° 정도, 색채를 식별할 수 있는 범위는 80°
③ 좌우 각각 약 190° 정도, 색채를 식별할 수 있는 범위는 60°
④ 좌우 각각 약 170° 정도, 색채를 식별할 수 있는 범위는 75°

해설 양쪽 눈으로 색채를 식별할 수 있는 범위는 좌우 각각 약 160° 정도, 색채를 식별할 수 있는 범위는 70°이다.

09. 사고의 요인 중 중간적인 요인에 대한 설명으로 틀린 것은?

① 불량한 운전태도
② 음주, 과로 등과 관계가 있다.
③ 운전자 심신기능
④ 운전자에 대한 홍보활동 결여 또는 훈련의 결여

해설 운전자에 대한 홍보활동 결여 또는 훈련의 결여는 간접적인 요인에 해당된다.

10. 낮 시간에 터널 밖을 운행하던 운전자가 어두운 터널 안으로 주행할 때와 터널 밖으로 나올 때의 시력 회복 속도와 관련하여 맞는 것은?

① 터널 안에 들어갈 때 적응이 더 빠르다.
② 터널 밖으로 나올 때 적응이 더 느리다.
③ 터널 밖으로 나올 때 적응이 더 빠르다.
④ 같다.

해설 맑은 날 낮 시간에 터널 밖에서 어두운 터널 안으로 주행할 때의 시력 회복에 걸리는 시간보다 터널 안에서 밖으로 나올 때의 시력 회복에 걸리는 시간이 빠르다.

11. 운전과 관련되는 대표적인 시각의 특성으로 틀린 것은?

① 운전자는 운전에 필요한 정보의 대부분을 시각을 통하여 획득한다.
② 속도가 빨라질수록 시력은 정상적이다.
③ 속도가 빨라질수록 시야의 범위는 좁아진다.
④ 속도가 빨라질수록 전방주시점은 멀어진다.

해설 속도가 빨라질수록 시력은 떨어진다.

12. 우리나라 도로교통법령(시행령 제45조)에 정한 시력에 대한 설명으로 틀린 것은?

① 제1종 운전면허 : 두 눈을 동시에 뜨고 잰 시력이 0.8 이상, 양쪽 눈의 시력이 각각 0.5 이상이어야 한다.
② 붉은색, 녹색, 노란색의 구별을 할 수 있어야 한다.
③ 제2종 운전면허 : 한쪽 눈을 보지 못하는 사람은 다른 쪽 눈의 시력이 0.8 이상이어야 한다.
④ 제2종 운전면허 : 두 눈을 동시에 뜨고 잰 시력이 0.5 이상이어야 한다.

해설 제2종 운전면허 : 한쪽 눈을 보지 못하는 사람은 다른 쪽 눈의 시력이 0.6 이상이어야 한다.

13. 교통사고의 원인과 요인에 대한 설명으로 틀린 것은?

① 교통사고에는 간접적 요인과 중간적 요인 그리고 직접적인 요인 등 3가지로 구분된다.
② 교통사고의 원인이란 반드시 사고라는 결과를 초래한 그 어떤 것을 말한다.
③ 사고의 요인이란 교통사고원인을 초래한 인자를 말한다.
④ 사고요인이 반드시 결과(교통사고)로 연결된다.

해설 사고요인이 반드시 결과(교통사고)로 연결되는 것은 아니다.

14. 아주 밝은 상태에서 1/3인치(0.85cm) 크기의 글자를 20피트(6.10m) 거리에서 읽을 수 있는 사람의 시력을 말하며 정상시력은 20/20으로 나타내는 용어는?

① 시각특성　　　② 정지시력
③ 운전특성　　　④ 동체시력

해설 정지시력 : 아주 밝은 상태에서 1/3인치(0.85cm) 크기의 글자를 20피트(6.10m) 거리에서 읽을 수 있는 사람의 시력을 말하며 정상시력은 20/20으로 나타낸다.

15. 교통사고를 유발한 운전자의 특성에 대한 설명으로 틀린 것은?
① 불안정한 생활환경
② 선천적 능력(타고난 심신기능 특성) 부족
③ 후천적 능력(학습에 의해서 습득한 운전에 관계되는 지식과 기능) 부족
④ 바람직한 동기와 사회적 태도(각양의 운전 상태에 대하여 인지, 판단, 조작하는 태도)의 양호

해설 바람직한 동기와 사회적 태도(각양의 운전 상태에 대하여 인지, 판단, 조작하는 태도)의 결여

16. 음주운전 교통사고에 대한 특징으로 틀린 것은?
① 주차 중인 자동차와 같은 정지물체 등에 충돌할 가능성이 높다.
② 전신주, 가로시설물, 가로수 등과 같은 고정물체와 충돌할 가능성이 높다.
③ 대향차의 전조등에 의한 현혹현상 발생 시 정상운전보다 교통사고 위험이 증가한다.
④ 음주운전에 의한 교통사고가 발생하면 치사율이 높지만 차량단독사고(도로이탈사고 제외)의 가능성이 높다.

해설 음주운전에 의한 교통사고가 발생하면 치사율이 높지만 차량단독사고(도로이탈사고포함)의 가능성이 높다.

17. 운전자의 피로는 운전 행동에 영향을 미치게 된다. 피로가 운전 행동에 미치는 영향으로 맞는 것은?
① 주변 자극에 대해 반응 동작이 빠르게 나타난다.
② 시력이 떨어지고 시야가 넓어진다.
③ 치밀하고 계획적인 운전 행동이 나타난다.
④ 정서적 부조나 신체적 부조가 가중되면 조잡하고 난폭하며 방만한 운전을 하게 된다.

해설 피로는 정서적 부조나 신체적 부조가 가중되면 조잡하고 난폭하며 방만한 운전을 하게 된다.

18. 사고의 심리적 요인에서 착각의 종류에 대한 설명으로 틀린 것은?
① 크기의 착각 : 어두운 곳에서는 세로 폭보다 가로 폭을 보다 넓은 것으로 판단한다.
② 경사의 착각 : 작은 경사는 실제보다 작게, 큰 경사는 실제보다 크게 보인다.
③ 원근의 착각 : 작은 것은 멀리 있는 것 같이, 덜 밝은 것은 멀리 있는 것으로 느껴진다.
④ 속도의 착각 : 주시점이 가까운 좁은 시야에서는 빠르게 느껴지며, 비교 대상이 먼 곳에 있을 때는 느리게 느껴진다.

해설 크기의 착각 : 어두운 곳에서는 가로 폭보다 세로 폭을 보다 넓은 것으로 판단한다.

19. 어린이들이 당하기 쉬운 교통사고 유형에 대한 설명으로 틀린 것은?
① 도로 횡단 중의 부주의
② 도로상에서 위험한 놀이(도로에서 노는 것은 제외)
③ 자전거 사고(차도에서 자전거타고 놀다가 발생)
④ 도로에 갑자기 뛰어들기(약 70%가 갑자기 뛰어들어 발생)

해설 도로상에서 위험한 놀이(도로에서 노는 도중)

20. 어린이 교통사고의 특징에 대한 설명으로 틀린 것은?
① 어릴수록, 학년이 낮을수록 교통사고를 많이 당한다.
② 보행 중(차대사람) 교통사고를 당하여 사망한 비율이 가장 높다.
③ 시간대별 어린이 보행 사상자는 오후 4시에서 오후 6시 사이에 가장 많다.
④ 어린이 교통사고 사상자는 중학생에 가장 많고 취학 전 아동, 초등학교 저학년(1~3학년)은 의외로 적다.

해설 어린이 교통사고 사상자는 중학생에 비해 취학 전 아동, 초등학교 저학년(1~3학년)에 집중되어 있다.

21. 고령 운전자의 의식 또는 불안감에 대한 설명으로 관계 없는 것은?
① 젊은 층에 비하여 상대적으로 반사 신경이 둔하며 재빠른 판단과 돌발사태 시 대응능력이 미흡하다.
② 젊은 층에 비하여 신중하고 과속을 하지 않는다.

정답 15. ④ 16. ④ 17. ④ 18. ① 19. ② 20. ④

③ 급후진, 대형차 추종운전 등은 고령운전자를 위험에 빠트리고, 다른 운전자에게도 불안감을 유발시킨다.
④ 복잡한 교통상황에서 필요한 빠른 신경활동과 정보판단처리능력이 저하된다.

해설 고령자의 사고·신경능력 : 복잡한 교통상황에서 필요한 빠른 신경활동과 정보판단처리능력이 저하

02 자동차 요인과 안전운행

01. 자동차의 진행방향을 좌우로 바꿀 수 있는 장치는?
① 제동장치 ② 주행장치
③ 현가장치 ④ 조향장치

해설 조향장치는 자동차의 진행방향을 좌우로 바꿀 수 있는 장치

02. 주행 시 앞바퀴에 직진성을 부여하며, 조향을 하였을 때 직진방향으로 되돌아오려는 복원력을 주는 것은?
① 캠버 ② 캐스터
③ 킹핀 경사각 ④ 토우 인

해설 캐스터 : 주행 시 앞바퀴에 직진성을 부여하며, 조향을 하였을 때 직진방향으로 되돌아오려는 복원력과 방향성을 준다.

03. 자동차의 현가장치와 관련 현상에서 자동차 진동에 대한 설명으로 틀린 것은?
① 바운싱 : 차체가 X축 방향과 평행운동을 하는 상하진동
② 피칭 : 차체가 Y축을 중심으로 하여 회전운동을 하는 앞뒤진동
③ 롤링 : 차체가 X축을 중심으로 하여 회전운동을 하는 좌우진동
④ 와인드업 : 차체가 Y축을 중심으로 회전운동을 하는 앞-뒤진동

해설 바운싱 : Z축을 따라 차체가 전체적으로 상하 운동하는 진동

04. 원심력에 대한 설명으로 틀린 것은?
① 원의 중심으로부터 벗어나려는 이 힘이 원심력이다.
② 원심력은 속도가 빠를수록 속도에 비례해서 커지고, 커브가 작을수록, 중량이 무거울수록 커진다.
③ 원심력은 중량이 무거울수록 작아진다.
④ 원심력은 속도의 제곱에 비례하여 커진다.

해설 원심력은 중량이 무거울수록 커진다.

05. 조향장치의 앞바퀴 정렬에서 캐스터(Caster)의 상태와 역할에 대한 설명으로 틀린 것은?
① 자동차를 옆에서 보았을 때 차축과 연결되는 킹핀의 중심선이 약간 뒤로 있는 것을 말한다.
② 앞바퀴에 직진성을 부여하여 차의 롤링을 방지한다.
③ 주행 중 타이어가 바깥쪽으로 벌어지는 것을 방지하는 역할을 한다.
④ 조향을 하였을 때 직진방향으로 되돌아오려는 복원력을 준다.

해설 토우인 : 주행 중 타이어가 바깥쪽으로 벌어지는 것을 방지하는 역할을 한다.

06. 타이어의 회전속도가 빨라지면 접지부에서 받은 타이어의 변형(주름)이 다음 접지 시점까지도 복원되지 않고 접지의 뒤쪽에 진동의 물결이 일어나는 현상은?
① 스탠딩 웨이브 현상 ② 베이퍼록 현상
③ 수막 현상 ④ 페이드 현상

해설 스탠딩 웨이브 현상 : 타이어의 회전속도가 빨라지면 접지부에서 받은 타이어의 변형이 다음 접지 시점까지도 복원되지 않고 접지의 뒤쪽에 진동의 물결이 일어나는 현상

07. 타이어 마모에 영향을 주는 요소에 대한 설명으로 틀린 것은?
① 공기압 : 규정 압력보다 낮으면 승차감은 좋아지나, 숄더 부분에 마찰력이 집중되어 마모가 빨라져 수명은 짧아진다.
② 커브 : 활각이 클수록 마모가 많아진다.
③ 속도 : 속도가 증가하면 타이어의 온도도 상승하여 트레드 고무의 내마모성이 저하된다.
④ 하중 : 커지면 타이어의 굴신이 심해져서 타이어의 마모가 감소하므로 내마모성이 증가한다.

21. ④ / 01. ④ 02. ② 03. ① 04. ③ 05. ③ 06. ① 07. ④

해설 하중이 커지면 공기압 부족과 같은 형태로 타이어가 크게 굴곡되어 마찰력이 증가하므로 내마모성이 저하된다.

08. 비탈길을 내려갈 경우 브레이크를 반복하여 사용하면 마찰열이 라이닝에 축적되어 브레이크의 제동력이 저하되는 경우를 의미하는 것은?

① 스탠딩 웨이브 현상 ② 베이퍼 록 현상
③ 페이드 현상 ④ 모닝 록 현상

해설 페이드 현상 : 자동차가 빠른 속도로 달릴 때 제동을 걸면 브레이크가 잘 작동되지 않는 현상

09. 자동차의 운행 속도가 빠를수록, 주변의 경관이 흐르는 선과 같이 되어 눈을 자극하는 현상을 일컫는 용어는?

① 수막 현상 ② 스탠딩 웨이브 현상
③ 유체자극 현상 ④ 베이퍼록 현상

해설 유체자극 현상 : 속도가 빠를수록 주변의 경관이 거의 흐르는 선과 같이 되어 눈을 자극하는 현상을 말한다.

10. 주행장치 중 타이어의 중요한 역할에 대한 설명으로 틀린 것은?

① 무게가 가볍고 노면의 충격과 측력에 견딜 수 있는 강성이 있어야 한다.
② 휠(Wheel)의 림에 끼워져서 일체로 회전하며 자동차가 달리거나 멈추는 것을 원활히 한다.
③ 지면으로부터 받은 충격을 흡수해 승차감을 좋게 한다.
④ 자동차의 중량을 떠받쳐 준다. 또한 자동차의 진행 방향을 전환시킨다.

해설 휠의 역할 : 무게가 가볍고 노면의 충격과 측력에 견딜 수 있는 강성이 있어야 한다.

11. 물이 고인 노면을 자동차가 고속으로 주행할 때 타이어는 그루브(타이어 홈) 사이에 있는 물을 배수하는 기능이 감소되어 물의 저항에 의해 노면으로부터 떠올라 물 위를 미끄러지듯이 되는 현상을 무엇이라 하는가?

① 스탠딩 웨이브 현상 ② 베이퍼 록 현상
③ 수막 현상 ④ 워터 페이드 현상

해설 고속으로 빗길을 달리면 타이어와 노면 사이의 빗물 때문에 타이어가 노면에 접지하지 않고 위로 뜬 상태가 되는데 이러한 현상을 하이드로 플레닝 현상이라 한다.

12. 비가 자주 오거나 습도가 높은 날, 또는 오랜 시간 주차한 후에는 브레이크 드럼에 미세한 녹이 발생하는 현상은?

① 수막 현상 ② 모닝 록 현상
③ 스탠딩 웨이브 현상 ④ 워터 페이드 현상

해설 모닝 록 현상 : 비가 자주 오거나 습도가 높은 날, 또는 오랜 시간 주차한 후에는 브레이크 드럼에 미세한 녹이 발생하는 현상

13. 운전자가 자동차를 정지시켜야 할 상황임을 지각하고 브레이크 페달로 발을 옮겨 브레이크가 작동을 시작하는 순간까지 자동차가 진행한 거리는?

① 정지거리 ② 공주거리
③ 제동거리 ④ 지각거리

해설 공주거리 : 주행 중 운전자가 전방의 위험상황을 발견하고 브레이크를 밟아 실제 제동이 걸리기 시작할 때까지 자동차가 진행한 거리

14. 자동차 후부에 장착된 머플러에서 배출되는 가스의 색으로 구분할 수 있는 자동차 엔진의 상태로 틀린 것은?

① 무색 : 완전연소 때 배출되는 가스의 색은 정상상태
② 검정색 : 농후한 혼합가스가 들어가 불완전 연소
③ 하얀색 : 엔진 안에서 다량의 엔진오일이 실린더에서 연소되는 경우
④ 노란색 : 엔진 안에서 엔진 오일이 냉각수와 혼합하여 실린더 위로 올라와 완전 연소된 경우

해설 노란색은 엔진 배출가스에서 배출되는 가스의 구분에 해당되지 않는다.

15. 제동등 작동 불량 시 점검사항으로 옳지 않은 것은?

① 제동등 스위치 접점 고착 점검
② 전원 연결배선 점검
③ 배선의 절연상태 보완
④ 배선의 차체 접촉 여부 점검

해설 배선의 절연상태 보완은 조치방법에 해당한다.

16. 차량 점검 및 주의사항으로 옳지 않은 것은?

① 운행 전 점검을 실시해야 하며 황색경고등이 들어온 상태에서는 절대로 운행하지 않는다.
② 운행 전에는 조향핸들의 높이와 각도를 조정한다.
③ 트랙터 차량의 경우 트레일러 주차 브레이크는 일시적으로만 사용한다.
④ 주차 시에는 항상 주차브레이크를 사용한다.

해설 차량점검 및 주의사항에서 적색 경고등이 들어온 상태에서는 절대로 운행하지 않는다.

17. 자동차의 고장 유형 중 비상등 작동 불량에 대한 설명으로 틀린 것은?

① 현상 : 비상등 작동 시 점멸은 되지만 좌측이 빠르게 점멸
② 점검 : 좌측 비상등 전구 교환 후 동일 현상 발생 여부 점검, 커넥터 점검, 전원 연결 정상 여부 확인, 턴 시그널 릴레이 점검
③ 조치 : 턴 시그널 릴레이 교환
④ 조치 : 단선된 부위 납땜 조치 후 테이핑

해설 단선된 부위 납땜 조치 후 테이핑은 수온게이지 조치방법이다.

03 도로요인과 안전운행

01. 도로와 교통사고에 대한 설명으로 옳지 않은 것은?

① 도로의 곡선이 급해짐에 따라 사고율이 높아진다.
② 도로의 곡선부가 오르막·내리막의 종단경사와 중복되는 곳은 사고 위험성이 훨씬 더 높다.
③ 일반적으로 도로의 종단경사가 커질수록 사고율이 적다.
④ 도로의 종단선형이 자주 바뀌면 종단 곡선의 정점에서 운전자의 시야가 다른 교통으로 방해받지 않는 상태에서 승용차의 운전자가 차도상의 한 점으로부터 볼 수 있는 차도가 단축되어 사고가 일어나기 쉽다.

해설 일반적으로 도로의 종단경사가 커질수록 사고율이 높다.

02. 도로를 보호하고 비상시에 사용하기 위해 차도에 접속하여 설치하는 도로의 부분은?

① 안전지대   ② 중앙분리대
③ 측대   ④ 길어깨

해설 길어깨 : 도로를 보호하고 비상시에 이용하기 위하여 차도에 접속하여 설치하는 도로

03. 중앙분리대를 설치했을 때 줄어드는 사고는?

① 추돌사고   ② 측면충돌사고
③ 가장자리접촉사고   ④ 정면충돌사고

해설 중앙분리대로 설치된 방호울타리는 정면충돌사고를 차량단독사고로 변환시킨다.

04. 중앙분리대의 종류로 틀린 것은?

① 연석형 중앙분리대
② 광폭 중앙분리대
③ 방호울타리형 중앙분리대
④ 세로변형 중앙분리대

해설 세로변형 중앙분리대는 해당되지 않는다.

05. 자동차의 주차 또는 정차에 이용하기 위하여 도로에 접속하여 설치하는 부분을 일컫는 용어는?

① 측대   ② 분리대
③ 주정차대   ④ 길어깨

해설 주정차대 : 자동차의 주차 또는 정차에 이용하기 위하여 도로에 접속하여 설치하는 부분

06. 2차로 도로에서 저속 자동차를 안전하게 앞지를 수 있는 거리로서 차로의 중심선상 1미터의 높이에서 반대쪽 차로의 중심선에 있는 높이 1.2미터의 반대쪽 자동차를 인지하고 앞차를 안전하게 앞지를 수 있는 거리를 도로중심선에 따라 측정한 길이는?

① 저속시거 ② 정지시거
③ 반대시거 ④ 앞지르기시거

해설 앞지르기시거 : 2차로 도로에서 저속 자동차를 안전하게 앞지를 수 있는 거리로서 차로의 중심선상 1미터의 높이에서 반대쪽 차로의 중심선에 있는 높이 1.2미터의 반대 자동차를 인지하고 앞차를 안전하게 앞지를 수 있는 거리를 도로중심선에 따라 측정한 길이

07. 방호울타리 기능에 대한 설명으로 틀린 것은?

① 횡단을 방지할 수 있어야 한다.
② 차량의 속도를 증속시킬 수 있어야 한다.
③ 차량이 대형차로로 튕겨나가지 않아야 한다.
④ 차량의 손상이 적도록 해야 한다.

해설 차량을 감속시킬 수 있어야 한다.

08. 도로법에서 사용하는 편경사에 대한 설명으로 맞는 것은?

① 평면곡선부에서 자동차가 원심력에 저항할 수 있도록 하기 위하여 설치하는 횡단경사를 말한다.
② 오르막차로, 회전차로를 합한 차로이다.
③ 변속차로, 양보차로를 합한 차로이다.
④ 도로의 진행방향 중심선의 길이에 대한, 높이의 변화비율을 말한다.

09. 도로법상의 용어에 대한 설명으로 틀린 것은?

① 측대 : 운전자의 시선을 유도하고 옆부분의 여유를 확보하기 위하여 중앙분리대 또는 길어깨에 차도와 동일한 횡단경사와 구조로 차도에 접속하여 설치하는 부분
② 변속차로 : 자동차를 주차하기 위하여 추가로 설치하는 차로
③ 회전차로 : 자동차가 우회전, 좌회전 또는 유턴을 할 수 있도록 직진하는 차로와 분리하여 추가로 설치하는 차로
④ 주정차대 : 자동차의 주차 또는 정차에 이용하기 위하여 도로에 접속하여 설치하는 부분

해설 변속차로 : 자동차를 가속시키거나 감속시키기 위하여 추가로 설치하는 차로

04 안전운전방법

01. 방어운전방법으로 틀린 것은?

① 보행자가 갑자기 나타날 수 있는 골목길이나 주택가에서는 상황을 예견하고 속도를 줄인다.
② 앞차를 뒤따라 갈 때는 앞차가 급제동을 하더라도 추돌하지 않도록 차간거리를 충분히 유지한다.
③ 진로를 바꿀 때 상대방이 잘 알 수 있도록 미리 신호를 보낸다.
④ 밤에 산모퉁이 길을 통과할 때는 전조등을 상향으로 하여 자신의 존재를 알린다.

해설 밤에 산모퉁이 길을 통과할 때는 전조등을 상향과 하향을 번갈아 켜거나, 켰다 껐다 하여 자신의 존재를 알린다.

02. 주행 시 속도 조절과 관련하여 틀린 것은?

① 노면의 상태가 좋지 않은 도로에서는 속도를 줄여서 주행한다.
② 주택가에서는 과속하지 않는다.
③ 교통량이 많은 곳에서는 속도를 줄여서 주행한다.
④ 주행하는 차들과 경쟁하면서 신속히 빠져 나가야 한다.

해설 주행하는 차들과 물 흐르듯 속도를 맞추어 주행한다.

03. 오르막길 주행에 대한 설명으로 틀린 것은?

① 정차 시에는 풋 브레이크와 핸드 브레이크를 같이 사용한다.
② 오르막길에서 앞지르기 할 때는 힘과 가속력이 좋은 저단 기어를 사용한다.
③ 오르막길은 시야가 넓으므로 최대로 속도를 낸다.
④ 출발 시에는 핸드 브레이크를 사용하는 것이 안전하다.

해설 오르막길은 마주 오는 차가 바로 앞에 다가올 때까지는 보이지 않으므로 서행하여 위험에 대비한다.

04. 다음 중 앞지르기 시에 대한 설명으로 틀린 것은?
① 앞지르기에 필요한 충분한 거리와 시야가 확보되었을 때 앞지르기를 시도한다.
② 앞지르기는 앞차보다 빠른 속도로 가속하여 상당한 거리를 진행해야 하므로 앞지르기할 때의 가속도에 따른 위험이 수반된다.
③ 뒤차가 앞차의 좌측면을 지나 앞차의 앞으로 진행하는 것이다.
④ 앞지르기 금지 장소나 앞지르기를 금지하는 곳에서는 앞지르기하는 차가 없다는 사실을 염두에 두고 운전한다.

해설 앞지르기 금지 장소나 앞지르기를 금지하는 때에도 앞지르기하는 차가 있다는 사실을 항상 염두에 두고 주의 운전한다.

05. 와이퍼 점검 시 확인사항으로 틀린 것은?
① 와이퍼의 분사각도를 확인한다.
② 모터의 작동은 정상적인지 확인한다.
③ 냉각수의 양은 충분한지, 냉각수의 누수여부를 확인한다.
④ 장마철 운전에 꼭 필요한 와이퍼의 작동이 정상적인가 확인한다.

해설 냉각수의 양은 충분한지, 냉각수의 누수여부, 팬벨트의 장력은 적절한지를 수시로 확인하는 것은 냉각장치의 점검에 해당한다.

06. 여름철 자동차 운전 시 주의사항으로 틀린 것은?
① 스노우 체인, 타이어 등 월동장비를 정리·보관하여 주행한다.
② 물에 잠긴 차량은 합선 여부를 확인한 후 주행한다.
③ 내부의 더운 공기를 환기한 후에 주행한다.
④ 여름철에는 무더운 날씨 속에 엔진이 과열되기 쉬우므로 냉각수의 양은 충분한지 확인한다.

해설 스노우 체인, 타이어 등 월동장비를 정리 보관하여 주행하는 방법은 겨울철 자동차 운전 시 해당된다.

07. 충전용기 등 위험물을 적재한 차량의 주·정차 시에 대한 설명으로 틀린 것은?
① 휴식 시 최대한 멀리 떨어져서 휴식을 취한다.
② 지형을 충분히 고려하여 가능한 한 평탄하고 교통량이 적은 안전한 장소를 택할 것(시장 등 주차금지)
③ 차량고장 시 정차하는 경우 : 적색표지판(고장자동차표시) 설치
④ 엔진을 정지시킨 다음, 사이드 브레이크를 걸어 놓고 반드시 차바퀴를 고정목으로 고정시킨다.

해설 차량의 고장, 교통사정 또는 운반책임자·운전자의 휴식, 식사 등 부득이한 경우를 제외하고는 당해 차량에서 동시에 이탈하지 않으며, 동시에 이탈할 경우에는 차량이 쉽게 보이는 장소에 주차한다.

08. 교차로에서 사고발생 원인에 대한 설명으로 틀린 것은?
① 교차로 진입 전 이미 황색신호임에도 무리하게 통과시도
② 앞쪽(옆쪽) 상황에 소홀한 채 진행신호로 바뀌는 순간 급출발
③ 정지신호임에도 불구하고 정지선을 지나 교차로에 진입하거나 무리하게 통과를 시도하는 신호무시
④ 과도한 대기로 인한 지체 발생가능

해설 과도한 대기로 인한 지체 발생가능은 신호기의 단점에 해당된다.

09. 교차로 황색신호의 개요에 대한 설명으로 틀린 것은?
① 황색신호는 전신호와 후신호 사이에 부여되는 신호이다.
② 황색신호는 전신호 차량과 후신호 차량이 교차로상에서 상호충돌하는 것을 예방하여, 교통사고를 방지하고자 하는 목적에서 운영되는 신호이다.
③ 교차로 황색신호시간은 통상 3초를 기본으로 운영하며 교차로 크기에 따라 4~6초간 운영하기도 한다.
④ 교통사고를 방지하고자 하는 목적에서 운영되는 신호로서, 황색신호시간에 교차로에 진입해야 한다.

해설 교통사고를 방지하고자 하는 목적에서 운영되는 신호로서, 황색신호시간은 이미 교차로에 진입한 차량은 신속히 빠져나가야 하는 시간이다.

04. ④   05. ③   06. ①   07. ①   08. ④   09. ④

10. 황색신호 시 사고유형에 대한 설명으로 틀린 것은?

① 횡단보도 전 앞차 정지 시 앞차 추돌
② 교차로 상에서 전신호 차량과 후신호 차량의 추돌
③ 횡단보도 통과 보행자, 자전거 또는 이륜차 충돌
④ 유턴차량과의 충돌

해설 교차로 상에서 전신호 차량과 후신호 차량의 충돌

11. 커브길 주행방법에서 완만한 커브길 주행 시 주의에 대한 설명으로 틀린 것은?

① 커브길의 편구배(경사도)나 도로의 폭을 확인하고 가속 페달에서 발을 떼어 엔진브레이크작동이나 풋브레이크를 사용하여 속도를 줄인다.
② 커브가 끝나는 조금 앞부터 핸들을 잡고 반대로 돌려 차량의 모양을 바르게 한다.
③ 가속페달을 밟아 속도를 서서히 높인다.
④ 곡선부의 곡선반경이 길어질수록 커브길이 완만하다.

해설 커브가 끝나는 조금 앞부터 핸들을 돌려 차량의 모양을 바르게 한다.

12. 커브길에서 핸들조작방법의 순서에 대한 설명으로 틀린 것은?

① 커브길에서 핸들조작은 슬로우-인(Slow-in), 패스트-아웃(Fast-out) 원리에 입각하여, 커브 진입 직전에 핸들조작이 자유로울 정도로 속도를 감속한다.
② 커브가 끝나는 조금 앞에서 핸들을 조작하여 차량의 방향을 안정되게 유지한다.
③ 엔진브레이크를 사용하면 페이드(fade) 현상을 예방하여, 운행의 안전도를 더욱 높일 수 있다.
④ 속도를 증가(가속)하여 신속하게 통과할 수 있도록 하여야 한다.

해설 엔진브레이크를 사용하면 페이드(fade) 현상을 예방하여, 운행의 안전도를 더욱 높일 수 있는 방법은 내리막길 안전운전 및 방어운전에 사용된다.

13. 방어운전방법으로 틀린 것은?

① 신호가 바뀔 때쯤 앞차에 미리 경적으로 신호를 줘, 빠르게 출발한다.
② 밤에 차가 마주 오면 전조등 불빛을 아래로 비춘다.
③ 진로를 바꿀 때 상대방이 잘 알 수 있도록 미리 신호를 보낸다.
④ 밤에 산모퉁이 길을 통과할 때는 전조등을 상향과 하향을 번갈아 켜거나 켰다 껐다 하여 자신의 존재를 알린다.

해설 교통신호가 바뀐다고 해서 무작정 출발하지 말고 주위 자동차의 움직임을 관찰한 후 진행하며, 앞차에 경적으로 신호를 줄 필요는 없다.

14. 언덕길에서 배기 브레이크가 장착된 차량이 배기 브레이크를 사용하면 운행의 안전도를 더욱 높일 수 있는데 틀린 설명은?

① 브레이크액의 온도상승 억제에 따른 스탠딩웨이브 현상을 방지한다.
② 드럼의 온도상승을 억제하여 페이드 현상을 방지한다.
③ 브레이크 사용 감소로 라이닝의 수명을 증대시킬 수 있다.
④ 브레이크 사용 증대로 라이닝의 수명을 감소시킨다.

해설 브레이크액의 온도상승 억제에 따른 베이퍼록 현상을 방지한다.

15. 언덕길의 교행방법에 대한 설명으로 틀린 것은?

① 올라가는 차량과 내려오는 차량의 교행 시에는 내려오는 차에 통행 우선권이 있다.
② 내리막 가속에 의한 사고위험이 더 높으므로 내려오는 차에 통행 우선권이 있다.
③ 내려가는 차량이 양보한다.
④ 화물이나 승객의 승차자동차 우선권이 있다.

해설 올라가는 차량이 양보한다.

16. 철도와 도로법에서 정한 도로가 평면 교차하는 곳을 의미하는 용어로 맞는 것은?

① 제5종 건널목   ② 제4종 건널목
③ 제3종 건널목   ④ 철길 건널목

해설 철길 건널목 : 철도와 도로법에서 정한 도로가 평면 교차하는 곳을 의미하는 용어

정답 10. ② 11. ② 12. ③ 13. ① 14. ① 15. ③ 16. ④

17. 일단 사고가 발생하면 인명피해가 큰 대형사고로 이어지는 것은?

① 교차로 사고 ② 철길 건널목 사고
③ 오르막길 사고 ④ 내리막길 전복사고

해설 철길 건널목 사고 : 일단 사고가 발생하면 인명피해가 큰 대형사고

18. 철길 건널목 내 차량고장 시 대처방법에 대한 설명으로 틀린 것은?

① 즉시 운전자는 철도공사 직원에게 알리고 차량에서 대기한다.
② 철도공사 직원에게 알리고 차를 건널목 밖으로 이동시키도록 조치한다.
③ 시동이 걸리지 않을 때는 당황하지 말고 기어를 1단 위치에 넣는다.
④ 기어를 1단 위치에 넣은 후 클러치 페달을 밟지 않은 상태에서 엔진 키를 돌리면 시동 모터의 회전으로 바퀴를 움직여 철길을 빠져 나올 수 있다.

해설 즉시 운전자는 철도공사 직원에게 알리고 즉시 동승자를 대피시킨다.

19. 와이퍼 점검 시 확인사항으로 틀린 것은?

① 유리면과 접촉하는 부위인 블레이드가 닳지 않았는지 확인한다.
② 모터의 작동은 정상적인지 확인한다.
③ 노즐의 분출구가 막히지 않았는지 확인한다.
④ 적정 공기압을 유지하고 있는지 점검한다.

해설 ④는 와이퍼가 아닌 타이어의 점검사항이다.

20. 빗길에서 안전운전방법으로 틀린 것은?

① 비가 계속 내리면 오일이 쓸려가므로, 비가 내리기 시작할 때보다 더 미끄러우므로 조심해야 한다.
② 브레이크에 물이 들어갈 수 있으므로 속도를 증가한다.
③ 비가 내려 물이 고인 길을 통과할 때에는 속도를 줄여 저속기어로 바꾸어야 한다.
④ 비가 내리는 길에 브레이크가 약해지거나 불균등하게 걸리거나 풀리지 않을 수 있어, 차량의 제동력을 감소시킨다.

해설 빗길에서는 브레이크에 물이 들어 갈 수 있으므로 서행해야 한다.

21. 봄철 교통사고의 특징에 대한 설명 중 틀린 것은?

① 심한 일교차로 건강을 해칠 수도 있으며, 연중 가장 심한 일교차가 일어나기 때문에 안개가 집중적으로 발생되어 대형사고의 위험이 높아진다.
② 지반 붕괴로 도로의 균열이나 낙석의 위험이 크며, 노변의 붕괴 및 함몰로 대형사고 위험이 높다.(황사현상에 주의)
③ 춘곤증에 의한 졸음운전으로 전방주시 태만과 관련된 사고의 위험이 높다.(1초 졸음시 = 16.7m 주행)
④ 모든 운전자들은 때와 장소 구분 없이 보행자 보호에 많은 주의를 기울여야 한다. 특히 날씨가 온화해짐에 따라 사람들의 활동이 활발해지는 계절이다.

해설 심한 일교차로 건강을 해칠 수도 있으며, 연중 가장 심한 일교차가 일어나기 때문에 안개가 집중적으로 발생되어 대형사고의 위험이 높아진다.(가을철 계절별 운전 특성)

22. 여름철 자동차관리에 대한 설명으로 틀린 것은?

① 냉각장치 점검 : 엔진이 과열하기 쉬우므로 냉각수의 양은 충분한지, 냉각수 누수 여부, 팬벨트 장력이 적절한지 수시 확인과 팬벨트 여유분 휴대가 바람직하다.
② 와이퍼의 작동상태 점검 : 장마철 운전에 꼭 필요한 와이퍼의 작동이 정상적인가 확인해야 하는데, 모터의 작동은 수동으로 가능한지, 노즐의 분출구가 막히지 않았는지 등을 점검한다.
③ 타이어 마모상태 점검 : 노면과 맞닿는 부분인 요철형 무늬의 깊이(트레드 홈 깊이)가 최저 1.6mm 이상이 되는지를 확인하고 적정 공기압을 유지하고 있는지 점검한다.
④ 차량 내부의 습기 제거 : 차량 내부에 습기가 찰 때에는 습기를 제거하여 차체의 부식과 악취발생을 방지한다.

해설 모터의 작동은 정상적인지 확인해야 한다.

17. ② 18. ① 19. ④ 20. ② 21. ① 22. ②

23. 여름철 자동차 운전 시 주의사항으로 틀린 것은?

① 비가 많이 오는 날에는 타이어 홈 깊이가 1mm 이상인지 확인한다.
② 내부의 더운 공기를 환기한 후에 주행한다.
③ 물에 잠긴 차량은 합선 여부를 확인한 후 주행한다.
④ 여름철에는 무더운 날씨 속에 엔진이 과열되기 쉬우므로 냉각수의 양은 충분한지 확인한다.

해설 타이어의 노면과 맞닿는 부분인 요철형 무늬의 깊이(트레드 홈 깊이)가 최저 1.6mm 이상이 되는지 확인한다.

24. 터널 내 화재 시 행동요령에 대한 설명으로 틀린 것은?

① 운전자는 차량과 함께 터널 밖으로 신속히 이동하며, 터널 밖으로 이동이 불가능한 경우 최대한 갓길 쪽으로 정차한다.
② 엔진을 끈 후 키를 꽂아둔 채 신속하게 하차한다.
③ 조기진화가 불가능한 경우 젖은 수건이나 손등으로 코와 입을 막고 낮은 자세로 유도등을 따라 신속히 터널 외부로 대피한다.
④ 터널에 비치된 소화기나 설치되어 있는 소화전으로 신속하게 화재를 진압한다.

해설 터널에 비치된 소화기나 설치되어 있는 소화전으로 조기 진화를 시도한다.

25. 적재량 측정을 위한 공무원의 차량 동승요구 및 관계서류 제출요구를 거부한 자 또는 적재량 재측정 요구에 따르지 아니한 자에 대한 벌칙으로 맞는 것은?

① 1년 이하 징역 또는 1천만 원 이하 벌금
② 1년 이상 징역 또는 1천만 원 이상 벌금
③ 2년 이하 징역 또는 2천만 원 이하 벌금
④ 2년 이상 징역 또는 2천만 원 이상 벌금

해설 1년 이하 징역 또는 1천만 원 이하 벌금

26. 어느 도로의 차선과 차선 사이의 최단거리를 차로 폭이라 하는데 다음 중 틀린 설명은?

① 대개 3~4m 기준으로 한다.
② 시내 및 고속도로는 도로폭이 비교적 넓고, 골목길이나 이면도로에서는 도로폭이 비교적 좁다.
③ 유턴(회전)차로(부득이한 경우) : 2.75m
④ 가변차로 설치 : 2.75m 이상으로 설치

해설 대개 3.0~3.5m 기준으로 한다.

27. 주행 시 속도 조절과 관련하여 틀린 것은?

① 노면의 상태가 좋지 않은 도로에서는 속도를 줄여서 주행한다.
② 주택가에서는 과속하지 않는다.
③ 해질 무렵, 터널 등 조명 조건이 나쁠 때에는 속도를 높여서 빠르게 주행한다.
④ 곡선반경이 작은 도로나 신호의 설치 간격이 좁은 도로에서는 속도를 낮추어 안전하게 통과한다.

해설 해질 무렵, 터널 등 조명 조건이 나쁠 때에는 속도를 줄여서 주행한다.

28. 야간 안전운전방법으로 틀린 것은?

① 해가 저물면 곧바로 전조등을 점등한다.(주간보다 속도 감속)
② 야간에 흑색이나 감색의 복장을 입은 보행자는 발견하기 곤란하므로 보행자의 확인에 더욱 세심한 주의를 기울인다.
③ 전조등이 비치는 곳보다 앞쪽까지 살필 것
④ 주간보다 안전에 대한 여유를 크게 가질 필요가 없다.

해설 주간보다 안전에 대한 여유를 크게 가지고, 야간이므로 속도를 낮추어 주행할 것

29. 위험물의 성질에 대한 설명으로 관계없는 것은?

① 발화성　　② 인화성
③ 폭발성　　④ 독극물

해설 독극물은 위험물의 종류에 해당한다.

정답 23. ①　24. ④　25. ①　26. ①　27. ③　28. ④　29. ④

4 PART
운송서비스

CHAPTER 01 용어의 정리

1	고객만족	고객이 무엇을 원하고 있으며, 무엇이 불만인지 알아내며 고객의 기대에 부응하는 좋은 제품과 양질의 서비스를 제공하는 것
2	고객의 욕구	① 기억되기를 바란다. ② 편안해지고 싶어 한다. ③ 기대와 욕구를 수용하여 주기를 바란다. ④ 환영받고 싶어 한다. ⑤ 중요한 사람으로 인식되기를 바란다. ⑥ 관심을 가져주기를 바란다. ⑦ 칭찬받고 싶어 한다.
3	고객만족을 위한 3요소	① 상품 품질 : 성능 및 사용방법을 구현한 하드웨어 품질 ② 영업 품질 : 고객만족 실현을 위한 소프트웨어 품질 ③ 서비스 품질 : 고객의 신뢰를 획득하기 위한 휴먼웨어 품질
4	서비스 품질을 평가하는 고객의 기준	고객의 결정에 영향을 미치는 요인 ① 구전(口傳)에 의한 의사소통 ② 개인적인 성격이나 환경적 요인 ③ 과거의 경험 ④ 서비스 제공자들의 커뮤니케이션 등
5	서비스 품질을 평가하는 고객의 세부적인 기준	① 신뢰성 : 정확하고 틀림없다. 약속기일을 확실히 지킨다. ② 신속한 대응 : 기다리지 않는다. 재빠른 처리, 적절한 시간 맞추기 ③ 정확성 : 서비스를 행하기 위한 상품 및 서비스에 대한 지식이 충분하다. ④ 편의성 : 의뢰하기 쉽다. 곧 전화를 받는다. 언제라도 곧 연락이 된다. ⑤ 태도 : 예의 바르다. 복장이 단정하다. 배려, 느낌이 좋다. ⑥ 커뮤니케이션 : 알기 쉽게 설명한다. 고객의 이야기를 잘 듣는다. ⑦ 신용도 : 회사를 신뢰할 수 있다. 담당자가 신용이 있다. ⑧ 안전성 : 신체적 안전 및 재산적 안전, 비밀유지 ⑨ 고객의 이해도 : 고객이 진정으로 요구하는 것을 알며 사정을 잘 이해하여 만족시킨다. ⑩ 환경 : 쾌적한 환경, 좋은 분위기, 깨끗한 시설 등 완비
6	기본예절	① 상대방을 알아준다. ② 자신의 것만 챙기는 이기주의는 인간관계 형성의 저해요소이며, 약간의 어려움 감수는 좋은 인간관계를 유지하기 위한 투자이다. ③ 연장자는 사회의 선배로서 존중하고 공·사를 구분하여 예우한다. ④ 예의란 인간관계에서 지켜야 할 도리이며, 상스러운 말을 하지 않는다. ⑤ 상대방에게 관심을 갖는 것은 상대로 하여금 내게 호감을 갖게 한다. ⑥ 상대의 결점을 지적할 때에는 진지한 충고와 격려로 한다. ⑦ 상대의 존중은 돈 한 푼 들이지 않고, 상대를 접대하는 효과가 있다.

		⑧ 상대방의 입장을 이해하고 존중하며, 관심을 가짐으로 인간관계는 더욱 성숙되며, 상대방의 여건, 능력, 개인차를 인정하여 배려한다. ⑨ 상대방과의 신뢰관계가 이익을 창출하는 것이 아니라, 상대방에게 도움이 되어야 신뢰관계가 형성된다. ⑩ 모든 인간관계는 성실을 바탕으로 하며, 항상 변함없는 진실한 마음으로 상대를 대하고, 성실성으로 상대는 신뢰를 갖게 되어, 관계는 깊어진다.
7	인사	① 인사는 서비스의 첫 동작이요, 마지막 동작이다. ② 인사는 서로 만나거나 헤어질 때 말, 태도 등으로 존경, 사랑, 우정을 표현하는 행동 양식이다.
8	인사의 중요성	① 인사는 평범하고도 대단히 쉬운 행위이지만, 습관화하지 않으면 실천에 옮기기 어렵다. ② 인사는 애사심, 존경심, 우애, 자신의 교양과 인격의 표현이다. ③ 인사는 서비스의 주요 기법이며 고객과 만나는 첫걸음이다. ④ 인사는 고객에 대한 마음가짐의 표현이며 서비스 정신의 표시이다.
9	올바른 인사방법	① 가벼운 인사 : 머리와 상체를 15° 숙인다. ② 보통 인사 : 머리와 상체를 30° 숙인다. ③ 정중한 인사 : 머리와 상체를 45° 숙인다. ④ 손을 주머니에 넣거나, 의자에 앉아서 하지 않으며 인사할 때 지나치게 턱을 내밀지 않도록 한다. ⑤ 항상 밝고 명랑한 표정의 미소를 짓는다. ⑥ 인사하는 거리와 상대방과의 거리는 약 2m 내외가 적당하다. ⑦ 머리와 상체를 직선으로 하여 상대방의 발끝이 보일 때까지 천천히 숙이며, 인사를 할 때 턱을 지나치게 내밀지 않도록 한다.
10	악수	• 상대와 적당한 거리에서 손을 잡고 반드시 오른손을 내밀어 손을 잡는다.(손이 더러울 땐 양해를 구한다.) • 허리는 무례하지 않을 만큼 자연스럽게 펴면서 상대의 눈을 바라보며 웃는 얼굴로 악수한다.(계속 손을 잡은 채로 말하지 않을 것, 손을 너무 세게 쥐거나 힘없이 잡지 않을 것, 인사를 할 때 턱을 지나치게 내밀지 않도록 한다.)
11	호감 받는 표정관리	표정의 중요성 : 표정은 첫인상을 크게 좌우하며, 첫인상이 좋아야 그 이후의 대면이 호감 있게 이루어질 수 있고, 밝은 표정은 좋은 인간관계의 기본이다.(밝은 표정과 미소는 자신을 위한 것임) ※ 시선 • 자연스럽고 부드러운 시선으로 상대를 본다. • 눈동자는 항상 중앙에 위치하도록 한다. • 가급적 고객의 눈높이와 맞춘다.
12	고객응대 마음가짐 10가지	① 사명감을 갖는다.　　　　② 고객의 입장에서 생각한다. ③ 원만하게 대한다.　　　　④ 자신감을 갖는다.

		⑤ 공·사를 구분하고 공평하게 대한다. ⑥ 항상 긍정적으로 생각한다. ⑦ 고객이 호감을 갖도록 한다. ⑧ 투철한 서비스 정신을 가진다. ⑨ 예의를 지켜 겸손하게 대한다. ⑩ 꾸준히 반성하고 개선한다.
13	운전예절 (운전자의 사명)	① 남의 생명도 내 생명처럼 존중 : 사람의 생명은 이 세상의 다른 무엇보다도 존귀하므로 인명을 존중하며 안전운행을 이행하고 교통사고를 예방하여야 한다. ② 운전자는 "공인(公認)"이라는 자각이 필요하다.
14	운전예절 (운전자가 가져야 할 기본적 자세)	① 교통법규의 이해와 준수 : 교통법규는 단지 알고 있는 것만으로는 부족하며, 운전자는 실제 운행 경로의 교통 상황에 따른 적절한 판단과 교통규칙을 준수하여 자동차를 운전한다. ② 여유 있고 양보하는 마음으로 운전 : 운전자의 조급성과 자기중심적인 생각은 교통사고를 일으키는 요인이 되므로 항상 마음의 여유를 가지고 서로 양보하는 마음의 자세로 운전한다. ③ 주의력 집중 : 전방주시 태만, 과속 등은 대형사고의 원인이다. ④ 심신상태의 안정 : 심신상태 조절 후 냉정, 침착한 자세로 운전 ⑤ 추측 운전의 삼가 : 자기에게 유리한 판단 및 행동은 삼가 ⑥ 운전기술의 과신은 금물 : 아무리 운전에 자신 있는 운전자라 하더라도, 상대방 운전자의 과실로 사고가 발생됨을 예상하며 운전 ⑦ 저공해 등 환경보호, 소음공해 최소화 등
15	예절바른 운전습관	① 명랑한 교통질서 유지 ② 교통사고의 예방 ③ 교통문화를 정착시키는 선두주자
16	운전자가 지켜야 할 운전예절	① 과신은 금물 ② 횡단보도에서의 예절 ③ 전조등 사용법 ④ 고장자동차의 유도 ⑤ 올바른 방향전환 및 차로변경 ⑥ 여유 있는 교차로 통과 등
17	운전자의 기본적 주의사항	신상변동 등의 경우는 회사에 즉시 보고해야 한다(결근, 지각, 조퇴 또는 운전면허 기재사항 변경과 운전면허 일시정지, 취소 등의 면허 행정처분 경우)
18	직업관	① 직업에는 귀천이 없다.(평등) ② 천직의식(운전으로 성공한 운전기사는 긍정적인 사고방식으로 어려운 환경을 극복) ③ 감사하는 마음(본인, 부모, 가정, 직장, 국가에 대하여 본인의 역할이 있음을 감사하는 마음)
19	물류의 개념	물류(物流, 로지스틱스 : Logistics) 공급자로부터 생산자, 유통업자를 거쳐 최종 소비자에 이르는 재화의 흐름을 의미한다.
20	물류의 기능	① 운송(수송)기능 ② 포장기능 ③ 보관기능 ④ 하역기능 ⑤ 정보기능
21	물류정책기본법상의 물류의 정의	재화가 공급자로부터 조달·생산되어 수요자에게 전달되거나 소비자로부터 회수되어 폐기될 때까지 이루어지는 운송·보관·수리·포장·상표부착·판매·정보통신 등을 말한다.

22	경영정보시스템(MIS)	기업경영에서 의사결정의 유효성을 높이기 위해 경영 내외의 관련 정보를 필요에 따라 즉각적으로, 대량으로 수집, 전달, 처리, 저장, 이용할 수 있도록 편성한 인간과 컴퓨터와의 결합시스템을 말한다.
23	전사적 자원관리 (ERP)	기업 활동을 위해 사용되는 기업 내의 모든 인적·물적 자원을 효율적으로 관리하여 궁극적으로 기업의 경쟁력을 강화시켜주는 역할을 하는 통합정보시스템을 말한다.
24	물류와 공급망 관리	1990년대 중반 이후 공급망 관리(SCM) 단계 ① 제조업의 가치사슬은 보통 부품조달 → 조립·가공 → 판매유통으로 구성되고, 가치사슬의 주기가 단축되어야 생산성과 운영의 효율성을 증대시킬 수 있다. ② 인터넷 비즈니스에서 물류가 중시됨에 따라 인터넷 유통에서의 물류 원칙은 적정 수요예측, 배송기간의 최소화, 반송과 환불시스템이다.
25	물류관리의 기본원칙(7R 원칙, 3S1L 원칙, 제3의 이익원천)	7R 원칙 ① 적절한 품질(Right Quality) ② 적절한 양(Right Quantity) ③ 적절한 시간(Right Time) ④ 적절한 장소(Right Place) ⑤ 좋은 인상(Right Impression) ⑥ 적절한 가격(Right Price) ⑦ 적절한 상품(Right Commodity) 3S1L 원칙 ① 신속하게(Speedy) ② 안전하게(Safety) ③ 확실하게(Surely) ④ 저렴하게(Low) 제3의 이익원천 ① 매출증대 ② 원가절감 ③ 이익을 높일 수 있는 물류비 절감
26	물류와 상류	물류 : 발생지에서 소비자까지의 물자의 흐름을 계획, 실행, 통제하는 제반관리 및 경제활동 상류 : 검색, 견적, 입찰, 가격조정, 계약, 지불, 인증, 보험, 회계처리, 서류발행, 기록 등(전산화)
27	물류의 6가지 기능	① 운송기능 ② 포장기능 ③ 보관기능 ④ 하역기능 ⑤ 정보기능 ⑥ 유통가공기능
28	기업물류	기업물류의 범위(물적 공급과정과 물적 유통과정에 국한됨) ① 물적 공급과정 : 원재료, 부품, 반제품, 중간재료 조달, 생산하는 물류과정 ② 물적 유통과정 : 생산된 재화가 최종 고객이나 소비자에게까지 전달되는 물류과정
29	기업물류의 활동	기업물류의 활동(주활동과 지원활동으로 크게 구분) ① 주활동 : 대고객서비스 수준, 수송, 재고관리, 주문처리 ② 지원활동 : 보관, 자재관리, 구매, 포장, 생산량과 생산일정조정, 정보관리포함
30	물류전략	물류전략 목표 • 비용절감 : 운반 및 보관과 관련된 가변비용을 최소화하는 전략 • 자본절감 : 물류시스템에 대한 투자를 최소화하는 전략 • 서비스개선 전략 : 제공되는 서비스수준에 비례하여 수입을 증가한다는데 근거를 둔다.

31	링크와 노드	링크(link) : 재고 보관지점들 간에 이루어지는 제품의 이동 경로로 나타냄 노드(node) : 재고의 흐름이 일시적으로 정지하는 지점 · 노드 간에는 수송서비스의 대안, 제품이동경로의 대안, 다양한 제품을 나타내기 위해 몇 개의 링크를 둘 수 있음
32	물류관리 전략의 필요성과 중요성	로지스틱스 전략관리의 기본요건 중 전문가 집단 구성과 자질 **전문가 집단 구성** 물류전략계획 전문가, 현업 실무관리자, 물류혁신 전문가, 물류인프라 디자이너, 물류서비스 제공자(프로바이더) **전문가의 자질** ① 분석력 : 최적의 물류 흐름 구현을 위한 분석능력 ② 기획력 : 경험과 관리기술을 바탕으로, 물류전략을 입안하는 능력 ③ 창조력 : 지식이나 노하우를 바탕으로, 시스템 모델을 표현하는 능력 ④ 판단력 : 물류 관련 기술동향을 판단하여 선택하는 능력 ⑤ 기술력 : 물류시스템 구축에 활용하는 능력 ⑥ 행동력 : 이상적인 물류인프라 구축을 위하여 실행하는 능력 ⑦ 관리력 : 신규 및 프로젝트를 수행하는 능력 ⑧ 이해력 : 시스템 사용자의 요구를 명확히 파악하는 능력
33	제3자 물류의 이해	제3자 물류업은 화주기업이 고객서비스 향상, 물류비 절감 등 물류 활동을 효율화할 수 있도록 공급망(Supply chain)상의 기능 전체 혹은 일부를 대행하는 업종으로 정의
34	제3자 물류의 분류	① 제1자 물류(자사물류) : 기업이 사내에 물류조직을 두고 물류업무를 직접 수행하는 경우(화주기업이 직접 물류활동을 처리) ② 제2자 물류(물류자회사) : 기업이 사내의 물류조직을 별도로 분류하여 독립시키는 경우 ③ 제3자 물류 : 외부의 전문 물류업체에게 물류업무를 아웃소싱하는 경우(화주기업이 자기의 모든 물류 활동을 외부에 위탁하는 경우)
35	제4자 물류의 개념	① 다양한 조직들과 효과적인 연결을 목적으로 사용하는 통합체로서 공급망의 모든 활동과 계획 관리를 전담하는 것이다. ② 제3자 물류기능에 컨설팅업무를 추가 수행하는 것이다.(제4자 물류 개념은 컨설팅 기능까지 수행할 수 있는 제3자 물류로 정의를 내릴 수도 있다.)
36	공급망 관리에 있어서의 제4자 물류의 4단계	① 제1단계 : 재창조(Reinvention) ② 제2단계 : 전환(Transformation) ③ 제3단계 : 이행(Implementation) ④ 제4단계 : 실행(Execution)
37	물류시스템의 구성	수 · 배송의 개념 | 수송	배송
---	---
• 장거리 대량화물의 이동 • 거점 ↔ 거점 간의 이동 • 지역 간 화물이동 • 1개소의 목적지에 1회에 직송	• 단거리 소량화물의 이동 • 기업 ↔ 고객과의 이동 • 지역 내 화물의 이동 • 다수의 목적지를 순회하면서 소량 운송	

38	운송관련 용어정리	교통	현상적인 시각에서의 재화의 이동
		운송	서비스 공급 측면에서의 재화의 이동
		운수	행정상 또는 법률상의 운송
		운반	한정된 공간과 범위 내에서의 재화의 이동
		배송	상거래가 성립된 후 상품을 고객이 지정하는 수하인에게 발송 및 배달하는 것으로, 물류센터에서 각 점포나 소매점에 상품을 납입하기 위한 수송
		통운	소화물 운송
		간선수송	제조공장과 물류거점간의 장거리 수송

39	선박 및 철도와 비교한 화물자동차 운송의 특징	① 원활한 기동성과 신속한 수·배송 ② 신속하고 정확한 문전운송 ③ 다양한 고객요구 수용 ④ 운송단위가 소량 ⑤ 에너지 다 소비형의 운송기관 등
40	보관	① 물품을 저장, 관리하는 것을 의미하고 시간, 가격조정에 관한 기능을 수행한다. ② 수요와 공급의 시간적 간격을 조정함으로써 경제 활동의 안정과 촉진을 도모한다. ③ 최근에는 상품가치의 유지와 저장을 목적으로 하는 장기보관보다는 판매정책상의 유통목적을 위한 단기보관의 중요성이 강조되고 있다.
41	포장	물품의 운송, 보관 등에 있어서 물품의 가치와 상태를 보호하는 것으로 기능면에서 품질유지를 위한 포장을 의미하는 공업포장과 소비자의 손에 넘기기 위하여 행해지는 상업포장으로 구분한다.
42	물류시스템화	물류시스템의 기능 : 작업서브시스템과 정보서브시스템 기능으로 분류 ① 작업서브시스템 : 운송, 하역, 보관, 유통가공, 포장을 포함하는 분류 ② 정보서브시스템 : 수·발주, 재고·출하를 포함하는 분류
43	물류시스템의 목적	① 고객에게 상품을 적절한 납기에 맞추어, 정확하게 배달하는 것 ② 고객의 주문에 대해 상품의 품절을 가능한 한 적게 하는 것 ③ 물류거점을 적절하게 배치하여 배송효율을 향상시키고 상품의 적재 재고량을 유지하는 것 ④ 운송, 보관, 하역, 포장, 유통가공 작업을 합리화하는 것 ⑤ 물류비용의 적절화·최소화 등
44	수확 체감의 법칙	물류서비스 수준을 향상시키면 물류비용도 상승하므로, 비용과 서비스 사이에는 수확체감의 법칙이 작용한다.
45	운송 합리화 방안	적기 운송과 운송비 부담의 완화 ① 적기에 운송하기 위해서는 운송계획이 필요하며 판매계획에 따라 일정량을 정기적으로 고정된 경로를 따라 운송하고 가능하면 공장과 물류거점간의 간선운송이나 선적지까지, 공장에서 직송하는 것이 효율적이다. ② 출하물량 단위의 대형화와 표준화가 필요하다. ③ 출하물량 단위를 차량별로 단위화, 대형화하여 운송수단에 적합하게 물품을 표준화하며 차량과 운송수단을 대형화하여 운송횟수를 줄이고 화주에 맞는 차량이나 특장차를 이용한다.

46	화물자동차 운송의 효율성 지표	① 가동률 : 화물자동차가 일정기간에 걸쳐 실제로 가동한 일수 ② 실차율 : 주행거리에 대해 실제로 화물을 싣고 운행한 거리의 비율 ③ 적재율 : 최대적재량 대비 적재화물의 비율 ④ 공차율 : 통행화물차량 중 빈차의 비율 ⑤ 공차거리율 : 주행거리에 대해 화물을 싣지 않고 운행한 거리의 비율
47	공동수송의 장점	① 물류시설 및 인원의 축소 ② 발송작업의 간소화 ③ 영업용 트럭의 이용 증대 ④ 운임 요금의 적정화 ⑤ 여러 운송업체와의 복잡한 거래교섭의 감소 ⑥ 소량 부정기화물도 공동수송 가능
48	화물운송정보 시스템의 이해	수ㆍ배송 활동의 각 단계(계획-실시-통제)에서의 물류정보처리기능 ① 계획 : 수송수단 선정, 수송경로 선정, 수송로트(Lot) 결정, 다이어그램 시스템 설계, 배송센터의 수 및 위치 선정, 배송지역 결정 등 ② 실시 : 배차 수배, 화물적재 지시, 배송지시, 발송정보 착하지에의 연락, 반송화물 정보관리, 화물의 추적파악 등 ③ 통제 : 운임계산, 차량 적재효율 분석, 차량 가동률 분석, 반품운임ㆍ빈 용기운임 분석, 오송 분석, 교착수송 분석, 사고 분석 등
49	트럭운송업계가 당면하고 있는 영역	① 고객인 화주기업의 시장개척의 일부를 담당할 수 있는가 ② 소비자가 참가하는 물류의 신 경쟁시대에 무엇을 무기로 하여 경쟁할 것인가 ③ 고도정보화시대에 살아남기 위한 진정한 협업화에 참가할 수 있는가 ④ 트럭이 새로운 운송 기술을 개발할 수 있는가 ⑤ 의사결정에 필요한 정보를 적시에 수집할 수 있는가 등
50	공급망관리(SCM: Supply Chain Management)	최종 고객의 욕구를 충족시키기 위하여 원료 공급자로부터 최종 소비자에 이르기까지 공급망 내의 각 기업 간에 긴밀한 협력을 통한 공급망인 전체의 물자의 흐름을 원활하게 하는 공동전략을 말한다.(공급망 내의 각 기업은 상호 협력하여 공급망 프로세스를 재구축하고 업무협약을 맺으며 공동 전략을 구사하게 된다)
51	전사적 물품관리 (TQC: Total Quality Control)	기업경영에 있어서 전사적 품질관리란 제품이나 서비스를 만드는 모든 작업자가 품질에 대한 책임을 나누어 갖는 개념이며 불량품을 원천에서 찾아내고 바로잡기 위한 방안이며, 작업자가 품질에 문제가 있는 것을 발견하면, 생산라인 전체를 중단시킬 수도 있다.
52	신속대응(QR: Quick Response)	생산유통기간의 단축, 재고의 감소, 반품손실감소 등 생산ㆍ유통의 단축, 재고의 감소, 반품손실감소 등 생산ㆍ유통의 각 단계에서 효율화를 실현하고 그 성과는 생산자, 유통관계자, 소비자에게 골고루 돌아가게 하는 기법을 말한다.
53	효율적 고객대응 (ECR: Efficient Consumer Response)	소비자 만족에 초점을 둔 공급망 관리의 효율성을 극대화하기 위한 모델로서 제품의 생산단계에서부터 도매ㆍ소매에 이르기까지 전 과정을 하나의 프로세스로 보아 관련 기업의 긴밀한 협력을 통해, 전체로서의 효율 극대화를 추구하는 효율적 고객대응기법이다.

54	범지구 측위시스템	GPS의 도입효과 ① 각종 자연재해로부터 사전대비를 통해 재해를 회피할 수 있다. ② 토지조성공사에도 작업자가 건설용지를 돌면서 지반침하와 침하량을 측정하여 리얼타임으로 신속하게 대응할 수 있다. ③ 대도시의 교통혼잡 시에 차량에서 행선지 지도와 도로사정을 파악할 수 있으며, 공중에서 온천탐사도 할 수 있다. ④ 밤낮으로 운행하는 운송차량추적시스템을 GPS를 통해 완벽하게 관리 및 통제할 수 있다.
55	통합판매, 물류, 생산시스템(CALS)	① 무기체제의 설계·제작·군수 유통체계 지원을 위해 디지털 기술의 통합과 정보 공유를 통한 신속한 자료처리 환경을 구축 ② 제품설계에서 폐기에 이르는 모든 활동을 디지털 정보기술의 통합을 통해 구현하는 산업화 전략이다. ③ 컴퓨터에 의한 통합생산이나 경영과 유통의 재설계 등의 총칭
56	통합판매, 물류, 생산시스템(CALS)의 중요성과 적용범주	① 정보화시대의 기업경영에 필요한 필수적인 산업정보화 ② 방위산업뿐만 아니라 중공업, 조선, 항공, 섬유, 전자, 물류 등 제조업과 정보통신 산업에서 중요한 정보전략화 ③ 과다서류와 기술자료의 중복 축소, 업무처리절차 축소, 소요시간 단축, 비용절감 ④ 기존의 전자데이터정보에서 영상, 이미지 등 전자상거래로 그 범위를 확대하고 궁극적으로 멀티미디어 환경을 지원하는 시스템으로 발전 ⑤ 동시공정, 에러검출, 순환관리 자동활용을 포함한 품질관리와 경영혁신 구현 등
57	가상기업(Virtual Enterprise)	급변하는 상황에 민첩하게 대응하기 위한 전략적 기업제휴를 의미한다.
58	물류고객서비스의 요소	물류고객서비스의 요소 중 주문처리 대한 구분 ① 주문처리시간 : 주문을 받아서 출하까지 소요되는 시간 ② 주문품의 상품 구색시간 : 주문품을 준비하며 조장하는데 소요되는 시간 ③ 납기 : 상품구색을 갖춘 시점에서 고객에게 주문품을 배송하는데 소요되는 시간 ④ 재고 의뢰성 : 품절, 백오더, 주문충족률, 납품률 등 재고품으로 주문품을 공급할 수 있는 정도 ⑤ 주문량의 제약 : 주문량과 주문금액의 하한선 ⑥ 혼재 : 다품종 주문품의 배달 방법 ⑦ 일관성 : 각각의 서비스 표준이 허용하는 변동폭
59	고객서비스전략의 구축(필요성, 서비스 반응도, 기준설정)	제공하고 있는 서비스에 대한 고객의 반응은 단순히 제품의 품절만이 아니라 보다 많은 요인의 영향을 받고 있다는 점을 고려해야 하며 물류클레임으로 품절만큼 중요한 내용에는 오손, 파손, 오품, 수량오류, 오량, 오출하, 전표오류, 지연 등이 있다.
60	택배종사자의 서비스 자세	① 애로사항이 있더라도 극복하고 고객만족을 위하여 최선을 다해야 한다. ※ 택배종사자가 겪을 수 있는 애로사항 • 송하인, 수하인, 화물의 종류, 집하시간, 배달시간 등이 모두 달라, 서비스의 표준화가 어려움 • 특히 개인고객의 경우 고객 부재, 주소 불명, 산간오지, 고지대 배송 등으로 어려움이 있을 수 있음

		② 진정한 택배종사자로서 대접받을 수 있도록 행동 : 단정한 용모, 반듯한 언행, 대고객 약속 준수 등 ③ 상품을 판매하고 있다고 생각 • 배달이 불량하면 판매에 영향을 줌 • 내가 판매한 상품을 배달하고 있다고 생각 • 많은 화물이 통신판매나 기타 판매된 상품을 배달하는 경우가 많다. ④ 택배종사자의 용모와 복장 • 복장과 용모, 언행을 통제함 • 신분확인을 위한 명찰을 패용 • 선글라스는 강도, 깡패로 오인할 수 있다. • 슬리퍼는 고객에게 혐오감을 줄 수 있다. • 항상 웃는 얼굴로 서비스해야 한다. ⑤ 택배차량의 안전운행과 자동차관리 • 사고와 난폭운전은 회사와 자신의 이미지 실추 → 이용기피 • 어린이, 노인 주의, 후진주의, 후문은 확실히 잠그고 출발 • 골목길 난폭운전은 고객들의 이미지 손상 • 자동차의 외관은 항상 청결하게 관리 및 골목길 네거리 주의통과 ⑥ 택배화물의 배달방법 • 배달순서 계획 • 개인고객에 대한 전화
61	화물에 이상이 있을 시 인계방법	① 약간의 문제가 있을 시는 잘 설명하여 이용하도록 한다. ② 완전한 파손, 변질 시에는 진심으로 사과하고 회수 후 변상, 내품에 이상이 있을 시는 전화할 곳과 절차를 알려준다. ③ 배달완료 후 파손, 기타 이상이 있다는 배상 요청 시, 반드시 현장 확인을 해야 한다.(책임을 전가받는 경우 발생)
62	미배달 화물에 대한 조치	미배달 사유(주소불명, 전화불통, 장기부재, 인수거부, 수하인불명)를 기록하여 관리자에게 제출하고, 화물을 재입고 한다.
63	택배 집하 방법	집하의 중요성 ① 집하는 택배사업의 기본이다. ② 집하가 배달보다, 우선되어야 한다. ③ 배달 있는 곳에 집하가 있다. ④ 집하를 잘 해야 고객불만이 감소한다.
64	방문집하 요령	① 방문약속시간의 준수 : 고객부재 상태에서는 집하가 곤란하고 약속시간이 늦으면 불만이 가중(미리 전화) ② 기업화물 집하 시 행동 : 화물이 준비되지 않았다고 운전석에 앉아 있거나 빈둥거리지 말고 작업을 도와주어야 하고, 출하담당자와 친구가 되도록 할 것 ③ 운송장 기록의 중요성 : 운송장 기록을 정확하게 기재하지 않고 부실하게 기재하면 오도착, 배달불가, 배상금액 확대, 화물파손 등 문제점 발생

		④ 포장 확인 : 화물의 종류에 따른 포장의 안정성을 판단하여 안전하지 못한 경우에는 보완을 요구하여 보완 후 발송한다. 포장에 대한 사항은 미리 전화하여 부탁해야 한다.	
65	철도, 선박과 비교한 트럭 수송의 장·단점	장점	• 문전에서 문전으로 배송서비스를 탄력적으로 행할 수 있다. • 중간 하역이 불필요하며 포장의 간소화·간략화가 가능하다. • 다른 수송기관과 연동하지 않고서도 일관된 서비스를 할 수 있다. • 싣고 부리는 횟수가 적어도 된다.
		단점	• 수송 단위가 작고 연료비나 인건비(장거리의 경우) 등 수송단가가 높다. • 진동, 소음, 광화학 스모그 등의 공해 문제, 유류의 다량소비에서 오는 자원 및 에너지 절약 문제 등 편의성 이면에는 해결해야 할 문제가 많이 남겨져 있다.
		기타	도로망의 정비·유지, 트럭 터미널, 정보를 비롯한 트럭수송 관계의 공공투자를 계속적으로 수행하고, 전국 트레일러 네트워크의 확립을 축으로, 수송기관 상호 인터페이스의 원활화를 급속히 실현하여야 할 것이며 상대적으로 트럭 의존도가 높아지고 있다.

66	사업용(영업용) 트럭운송과 자가용 트럭운송의 장·단점	구분	사업용(영업용) 트럭운송	자가용 트럭운송
		장점	• 저렴한 수송비 • 물동량의 변동에 대응한 안정수송이 가능 • 수송능력과 융통성이 높음 • 설비투자와 인적투자가 필요 없음 • 변동비 처리 가능	• 인적 교육이 가능하다. • 상거래에 기여 • 높은 신뢰성이 확보된다. • 안정적 공급 가능 • 시스템의 일관성 유지 • 리스크가 낮다. • 작업의 기동성이 높다.
		단점	• 운임의 안정화 곤란 • 관리기능이 저해됨 • 기동성 부족 • 시스템의 일관성이 없음 • 인터페이스가 약함 • 마케팅 사고가 희박함	• 사용하는 차종, 차량에 한계가 있음 • 비용의 고정비화 • 설비투자와 인적투자 필요 • 수송능력에 한계가 있음 • 수송량의 변동에 대응하기가 어려움

67	바꿔 태우기 수송과 이어타기 수송	① 바꿔 태우기 수송 : 트럭의 보디를 바꿔 실음으로써 합리화를 추진하는 방법 ② 이어타기 수송 : 중간지점에서 운전자만 교체하는 수송방법이며 도킹수송과 유사한 방법
68	집배 수송용차의 개발과 이용	다품종소량화 시대를 맞아 택배운송의 충족 요건 ① 소량화물운송용의 집배차량은 적재능력 ② 주행성, 하역의 효율성 ③ 승강의 용이성 등의 각종요건을 충족해야 함 ④ 이 조건에 충족시키는 차 델리베리카(워크트럭차)를 개발
69	국내화주기업 물류의 문제점	① 각 업체의 독자적 물류기능 보유(합리화 장애) ② 제3자 물류(3PL) 기능의 약화(제한적·변형적 형태) ③ 시설 간·업체 간 표준화 미약 ④ 제조·물류업체간 협조성이 미비한 이유 ⑤ 물류 전문업체의 물류 인프라 활용도 미약

CHAPTER 02 문제

01 직업 운전자의 기본자세

01. 서비스는 사람에 의하여 생산되어 고객에게 제공되기 때문에 똑같은 서비스라 하더라도 그것을 행하는 사람에 따라 품질의 차이가 발생하기 쉬운데 이와 관련된 고객서비스의 특성은?

① 무형성 ② 이질성
③ 동시성 ④ 소멸성

해설 이질성 : 서비스는 사람에 의하여 생산되어 고객에게 제공되기 때문에 똑같은 서비스라 하더라도 그것을 행하는 사람에 따라 품질의 차이가 발생하기 쉽다.

02. 고객만족 행동예절에서 단정한 용모·복장의 중요성에 대한 설명으로 틀린 것은?

① 무표정
② 고객과의 신뢰 형성
③ 일의 성과, 기분 전환
④ 활기찬 직장 분위기 조성

해설 무표정이 아닌 첫인상이 맞다.

03. 직업관에서 직업의 4가지 의미에 대한 설명으로 틀린 것은?

① 경제적 의미 : 일터, 일자리, 경제적 가치를 창출하는 곳
② 가족적 의미 : 직업의 사명감과 소명의식을 갖고 정성과 정열을 쏟을 수 있는 곳
③ 철학적 의미 : 일한다는 인간의 기본적인 리듬을 갖는 곳
④ 사회적 의미 : 자기가 맡은 역할을 수행하는 능력을 인정받는 곳

해설 정신적 의미 : 직업의 사명감과 소명의식을 갖고 정성과 정열을 쏟을 수 있는 곳

04. 다음 중 직업의 3가지 태도로 틀린 것은?

① 애정 ② 긍지
③ 사랑 ④ 열정

해설 직업의 3가지 태도는 애정, 긍지, 열정이다.

05. 고객만족 행동예절 중 올바른 인사방법에서 머리와 상체를 숙이는 인사에 대한 설명으로 틀린 것은?

① 가벼운 인사 : 15° 정도 숙여서 인사한다.
② 보통 인사 : 30° 정도 숙여서 인사한다.
③ 정중한 인사 : 45° 정도 숙여서 인사한다.
④ 공손한 인사 : 60° 정도 숙여서 인사한다.

해설 공손한 인사는 올바른 인사방법에서 머리와 상체를 숙이는 인사법에 해당되지 않는다.

06. 호감받는 표정관리에서 표정의 중요성에 대한 설명으로 틀린 것은?

① 표정은 첫인상을 크게 좌우하며, 첫인상은 대면 직후 크게 좌우된다.
② 첫인상이 좋지 않아도 그 이후의 대면에서 얼마든지 호감 있게 이루어질 수 있다.
③ 밝은 표정은 좋은 인간관계의 기본이다.
④ 밝은 표정과 미소는 자신을 위하는 것이라 생각한다.

해설 첫인상이 좋아야 그 이후의 대면이 호감있게 이루어진다.

07. 운전자의 직업관에서 직업의 윤리에 대한 설명으로 틀린 것은?

① 직업에는 귀천이 없다.
② 직업에는 귀천이 있다.
③ 천직의식
④ 감사하는 마음

해설 직업에는 귀천이 없다.

정답 01. ② 02. ① 03. ② 04. ③ 05. ④ 06. ② 07. ②

08. 운전자의 사명에 대한 설명으로 틀린 것은?

① 내 생명도 남의 생명처럼 존중한다.
② 사람의 생명은 이 세상의 다른 무엇보다도 존귀하므로 인명을 존중한다.
③ 운전자는 공인이라는 자각이 필요하다.
④ 운전자는 안전운전을 이행하고 교통사고를 예방하여야 한다.

해설 남의 생명도 내 생명처럼 존중한다.

09. 운전자의 인성과 습관의 중요성 또는 운전자의 습관 형성에 대한 설명으로 틀린 것은?

① 운전자의 습관은 일상생활에 영향을 미치게 된다.
② 운전자의 운전태도를 보면 그 사람의 인격을 알 수 있으므로 올바른 운전습관을 위해 노력해야 한다.
③ 나쁜 운전습관이 몸에 배면 나중에 고치기 어려우며 잘못된 습관은 교통사고로 이어진다.
④ 습관은 후천적으로 형성되는 조건반사 현상이므로 무의식중에 어떤 것을 반복적으로 행하게 될 때 자기도 모르게 습관화된 행동이 나타난다.

해설 운전자의 습관은 운전행동에 영향을 미치게 된다.

10. 고객만족 행동예절에서 운전자의 기본 원칙에 대한 설명으로 틀린 것은?

① 규정에 맞게, 샌들이나 슬리퍼 삼가
② 깨끗하게, 단정하게
③ 품위 있게, 계절에 맞게
④ 통일감 있게, 본인취향에 맞게

해설 통일감 있게는 맞는데 본인취향에 맞게는 틀리다.

11. 고객만족을 위한 품질의 3요소에 대한 설명으로 틀린 것은?

① 상품 품질은 성능 및 사용방법을 구현한 하드웨어(Hardware) 품질이다.
② 서비스 품질은 고객에게 상품과 서비스를 제공하기까지의 모든 영업활동을 고객 지향적으로 전개하여 고객만족도 향상에 기여하도록 한다.
③ 서비스 품질은 고객으로부터 신뢰를 획득하기 위한 휴먼웨어(Human-ware) 품질이다.
④ 영업 품질은 고객이 현장사원 등과 접하는 환경과 분위기를 고객만족으로 실현하기 위한 소프트웨어(Software) 품질이다.

해설 영업 품질은 고객에게 상품과 서비스를 제공하기까지의 모든 영업활동을 고객 지향적으로 전개하여 고객만족도 향상에 기여하도록 한다.

12. 서비스 품질을 평가하는 고객의 기준으로 틀린 것은?

① 여유를 가지고 천천히 처리한다.
② 약속기일을 확실히 지킨다.
③ 정확하고 틀림없다.
④ 기다리게 하지 않는다.

해설 서비스 품질을 평가하는 고객의 기준에는 재빠른 처리, 적절한 시간 맞추기가 있다.

13. 호감받는 표정관리에서 고객응대 마음가짐 10가지에 대한 설명으로 틀린 것은?

① 애사심을 가지고, 고객 입장에서 생각한다.
② 원만하게 대하며, 항상 긍정적으로 생각하고, 자신감을 갖는다.
③ 고객이 호감을 갖도록 하며 공·사를 구분하고 공평하게 대한다.
④ 투철한 서비스 정신을 가지며 예의를 지켜 겸손하게 대한다.

해설 사명감을 가지고, 고객 입장에서 생각한다.

14. 고객상담 시의 대처방법으로 틀린 것은?

① 집하의뢰 전화는 고객이 원하는 날, 시간 등에 맞추도록 노력한다.
② 전화가 끝나면 마지막 인사를 하고 상대편이 먼저 끊고 난 후 전화를 끊는다. 고객의 문의전화, 불만전화 접수 시 해당 점소에서 접수 확인하여 고객에게 친절히 답변한다.
③ 전화벨이 울리면 즉시 받는다(3회 이내).
④ 고객의 문의전화, 불만전화 접수 시 해당 지점에서 접수 확인하여 고객에게 친절히 답변한다.

해설 고객의 문의전화, 불만전화 접수 시 해당 업소가 아니더라도 접수 확인하여 고객에게 친절히 답변한다.

02 물류의 이해

01. 물류의 기능에 대한 설명으로 틀린 것은?

① 하역기능 ② 전산기능
③ 포장기능 ④ 보관기능

해설 물류의 기능 : 운송(수송)기능, 포장기능, 보관기능, 하역기능, 정보기능 등이 있다.

02. 단순히 장소적 이동을 의미하는 운송이 아닌 생산과 마케팅기능 중에 물류 관련 영역까지도 포함하는 개념으로 맞는 것은?

① 운송 ② 정보서비스
③ 로지스틱스 ④ 공급망관리

해설 로지스틱스(Logistics) : 최근 물류는 단순히 장소적 이동을 의미하는 운송이 아니라 생산과 마케팅기능 중에 물류 관련 영역까지도 포함한다.

03. 고객 및 투자자에게 부가가치를 창출할 수 있도록 최초 공급업체로부터 최종 소비자에게 이르기까지의 상품·서비스 및 정보의 흐름이 관련된 프로세스를 통합적으로 운영하는 경영전략으로 맞는 것은?

① 공급망관리 ② 로지스틱스
③ 물류 ④ 하역

해설 공급망관리는 고객 및 투자자에게 부가가치를 창출할 수 있도록 최초의 공급업체로부터 최종 소비자에게 이르기까지의 상품·서비스 및 정보의 흐름이 관련된 프로세스를 통합적으로 운영하는 경영전략이다.

04. 사업목표와 소비자서비스 요구사항에서부터 시작되는 경쟁업체에 대항하는 공격적인 전략은?

① 프로액티브(Proactive) 물류전략
② 기업전략
③ 크래프팅(Crafting) 물류전략
④ 물류관리

해설 프로액티브 물류전략 : 사업목표와 소비자서비스 요구사항에서부터 시작되며, 경쟁업체에 대항하는 공격적인 전략

05. 물류에 대한 설명으로 틀린 것은?

① 자사물류 : 기업이 사내에 물류조직을 두고 물류업무를 직접 수행하는 경우
② 제1자 물류 : 화주기업이 직접 물류활동을 처리하는 경우
③ 제2자 물류 : 기업이 사내의 물류조직을 별도로 분류하여 독립시키는 경우
④ 제3자 물류 : 화주기업이 자기의 일부 물류 활동을 외부에 위탁하는 경우

해설 제3자 물류 : 화주기업이 자기의 모든 물류 활동을 외부에 위탁하는 경우

06. 화주기업이 고객서비스 향상, 물류비 절감 등 물류활동을 효율화할 수 있도록 공급망(Supply Chain)상의 기능 전체 혹은 일부를 외부에 위탁하는 경우로 맞는 것은?

① 제1자 물류업 ② 제2자 물류업
③ 제3자 물류업 ④ 제4자 물류업

해설 제3자 물류업은 화주기업이 고객서비스 향상, 물류비 절감 등 물류활동을 효율화할 수 있도록 공급망(Supply Chain)상의 기능 전체 혹은 일부를 대행하는 업종으로 정의되고 있다.

07. 다음 중 제4자 물류(4PL)에 대한 설명으로 맞는 것은?

① 화주기업이 사내에 물류조직을 두고 물류업무를 직접 수행하는 것
② 기업이 사내의 물류조직을 별도로 분리하여 자회사로 독립시키는 것
③ 기업이 사내에 물류조직을 두고 물류업무를 직접 수행하는 것
④ 컨설팅 기능까지 수행할 수 있는 제3자 물류로 정의 내릴 수 있는 것

해설 제4자 물류(4PL) : 컨설팅 기능까지 수행할 수 있는 제3자 물류로 정의 내릴 수 있는 것

정답 01. ② 02. ③ 03. ① 04. ① 05. ④ 06. ③ 07. ④

08. 판매기능 촉진에서 물류관리의 기본 7R 원칙에 대한 설명으로 틀린 것은?

① Right price(적절한 가격)
② Right time(적절한 시간)
③ Right place(적절한 장소)
④ Right speedy(적절한 신속)

해설 적절한 신속은 3S1L 원칙에 해당한다.

09. 물류의 기능에서 물품을 공간적으로 이동시키는 것으로 수송에 의해서 생산지와 수요지와의 공간적 거리가 극복되어 상품의 장소적 효용을 창출하는 기능은?

① 보관기능   ② 포장기능
③ 운송기능   ④ 하역기능

해설 운송기능 : 물품을 공간적으로 이동시키는 것으로 수송에 의해서 생산지와 수요지와의 공간적 거리가 극복되어 상품의 장소적 효용을 창출

10. 수출계약이 체결된 후 수출품이 트럭터미널을 경유하여 항만까지 수송되는 경우, 국내거래 시 한 터미널에서 다른 터미널까지 수송되어 수하인에게 이송될 때까지의 전 과정에서 발생하는 정보를 전산시스템으로 수집, 관리, 공급, 처리하는 종합정보관리체제 시스템으로 맞는 것은?

① 터미널화물정보시스템 ② 수배송관리시스템
③ 화물정보시스템   ④ 창고관리시스템

해설 터미널화물정보시스템 : 수출계약이 체결된 후 수출품이 트럭터미널을 경유하여 항만까지 수송되는 경우, 국내거래 시 한 터미널에서 다른 터미널까지 수송되어 수하인에게 이송될 때까지의 전 과정에서 발생하는 정보를 전산시스템으로 수집, 관리, 공급, 처리하는 종합정보관리체제 시스템

11. 기업물류의 범위에서 원재료, 부품, 반제품, 중간재를 조달·생산하는 물류과정으로 맞는 것은?

① 물적 공급과정   ② 물적 유통과정
③ 주활동   ④ 지원활동

해설 물적 공급과정 : 기업물류의 범위에서 원재료, 부품, 반제품, 중간재를 조달·생산하는 물류과정

12. 기업물류의 발전방향의 주된 문제에 대한 설명으로 틀린 것은?

① 물류비용 절감
② 요구되는 수준의 서비스 제공
③ 기업의 성장을 위한 물류전략의 개발
④ 신속정확한 배달 향상

해설 신속정확한 배달 향상은 기업물류의 발전방향의 주된 문제에 해당되지 않는다.

13. 물류의 역할이 최소의 비용으로 소비자를 만족시켜서 서비스 질의 향상을 촉진시켜 매출 신장을 도모한다는 관점은?

① 국민경제적 관점   ② 사회경제적 관점
③ 개별기업적 관점   ④ 통합매출적 관점

해설 개별기업적 관점은 최소의 비용으로 소비자를 만족시켜서 서비스 질의 향상을 촉진시켜 매출 신장을 도모한다는 관점이다.

14. 물류관리 전략의 필요성과 중요성에서 전략적 물류에 대한 설명으로 틀린 것은?

① 코스트 중심   ② 제품효과 중심
③ 부분 최적화 지향 ④ 시장진출 중심(고객 중심)

해설 시장진출 중심(고객 중심) : 로지스틱에 해당한다.

15. 로지스틱스 전략관리의 기본요건 중 전문가의 자질에 대한 설명으로 틀린 것은?

① 기획력 : 경험과 관리기술을 바탕으로 물류전략을 입안하는 능력
② 판단력 : 물류관련 기술동향을 파악하여 선택하는 능력
③ 분석력 : 최소의 물류업무 흐름 구현을 위한 분석능력
④ 창조력 : 지식의 노하우를 바탕으로 시스템모델을 표현하는 능력

해설 분석력 : 최적의 물류업무 흐름 구현을 위한 분석능력

16. 물류전략의 8가지 핵심영역 중 기능정립에 대한 설명으로 아닌 것은?
① 창고설계 · 운영   ② 수송관리
③ 자재관리   ④ 조직 · 변화관리

해설 조직 · 변화관리는 물류전략의 8가지 핵심영역에서 실행에 해당된다.

17. 물류전략의 실행구조의 순서로 맞는 것은?
① 전략 수립 → 구조설계 → 실행 → 기능 정립
② 전략 수립 → 구조설계 → 기능 정립 → 실행
③ 전략 수립 → 기능 정립 → 구조설계 → 실행
④ 전략 수립 → 실행 → 구조설계 → 기능 정립

해설 물류전략의 실행구조의 순서는 '전략 수립 → 구조설계 → 기능 정립 → 실행'이다.

18. 물류아웃소싱과 제3자 물류의 비교에서 제3자 물류에 대한 설명으로 아닌 것은?
① 화주와의 관계 : 계약기반, 전략적 제휴
② 관계내용 : 장기(1년 이상), 협력
③ 서비스 범위 : 기능별 개별서비스
④ 도입결정권자 : 최고 경영층

해설 서비스 범위 : 기능별 개별서비스는 물류아웃소싱에 해당된다.

19. 화주기업이 제3자 물류를 사용하지 않는 주된 이유로 틀린 것은?
① 화주기업은 물류 활동을 직접 통제하기를 원하기 때문이다.
② 자사물류이용과 제3자 물류서비스 이용에 따른 비용을 일대일로 직접 비교하기가 곤란하다.
③ 자사물류인력에 대해 더 만족하기 때문이다.
④ 운영시스템의 규모와 단순성으로 인해 자체 운영이 효율적이라 판단한다.

해설 운영시스템의 규모와 복잡성으로 인해 자체 운영이 효율적이라 판단한다.

20. 제3자 물류의 도입이유에 대한 설명으로 틀린 것은?
① 자가 물류 활동에 의한 물류 효율화의 한계
② 물류 자회사에 의한 물류 효율화의 한계
③ 제3자 물류는 물류산업 고도화를 위한 돌파구
④ 세계적인 조류로서 제3자 물류의 비중 축소

해설 세계적인 조류로서 제3자 물류의 비중 확대

21. 판매, 운영계획, 유통관리, 구매전략, 고객서비스, 공급망 기술을 포함한 특정한 공급망에 초점을 맞추며, 전략적 사고, 조직변화관리, 고객의 공급망 활동과 프로세스를 통합하기 위한 기술을 강화한다는 공급망 관리에 있어서의 제4자 물류의 단계에서 몇 단계에 해당되는가?
① 1단계 - 재창조   ② 2단계 - 전환
③ 3단계 - 이행   ④ 4단계 - 실행

해설 2단계 - 전환에 해당된다.

22. 제4자 물류(4PL) 제공자는 다양한 공급망 기능과 프로세스를 위한 운영상의 책임을 진다. 그 범위는 전통적인 운송관리와 물류아웃소싱보다 범위가 크며, 조직은 공급망 활동에 대한 전체적인 범위를 제4자 물류(4PL) 공급자에게 아웃소싱을 할 수 있다는 내용은 4단계 중 몇 단계인가?
① 1단계 - 재창조   ② 2단계 - 전환
③ 3단계 - 이행   ④ 4단계 - 실행

해설 4단계 - 실행에 해당된다.

23. 주문상황에 대해 적기 수 · 배송체제의 확립과 최적의 수 · 배송계획을 수립함으로써 수송비용을 절감하려는 시스템은?
① 수 · 배송관리시스템   ② 화물정보시스템
③ 터미널화물정보시스템 ④ 고객만족시스템

해설 수 · 배송관리시스템 : 주문상황에 대해 적기 수 · 배송체제의 확립과 최적의 수 · 배송계획을 수립함으로써 수송비용을 절감하려는 체제

24. 화물운송정보시스템의 이해의 구분에 대한 설명으로 틀린 것은?
① 수·배송관리시스템 ② 화물정보시스템
③ 터미널화물정보시스템 ④ 고객만족시스템

해설 고객만족시스템은 해당사항이 없다.

25. 상거래가 성립된 후 상품을 고객이 지정하는 수하인에게 발송 및 배달하는 것으로 물류센터에서 각 점포나 소매점에 상품을 납입하기 위한 수송을 표현하는 단어는?
① 교통 ② 운반
③ 배송 ④ 통운

해설 배송 : 상거래가 성립된 후 상품을 고객이 지정하는 수하인에게 발송 및 배달하는 것으로 물류센터에서 각 점포나 소매점에 상품을 납입하기 위한 수송

26. 물품을 저장·관리하는 것을 의미하고 수요와 공급의 시간적 간격을 조정함으로써 시간·가격조정에 관한 기능을 수행하며, 경제활동의 안정과 촉진을 도모하는 단어는?
① 유통가공 ② 보관
③ 하역 ④ 간선수송

해설 보관 : 물품을 저장·관리하는 것을 의미하고 수요와 공급의 시간적 간격을 조정함으로써 시간·가격조정에 관한 기능을 수행하며, 경제활동의 안정과 촉진을 도모

27. 최근에 컴퓨터와 정보통신기술에 의해 물류시스템의 고도화가 이루어져 수주, 재고 관리, 주문품 출하, 상품조달(생산), 운송, 파킹 등을 포함한 5가지 요소기능과 관련한 업무 흐름의 일괄처리가 실현되고 있는 것은?
① 재고관리 ② 운송
③ 정보 ④ 수·발주 업무

해설 정보 : 최근에 컴퓨터와 정보통신기술에 의해 물류시스템의 고도화가 이루어져 수주, 재고 관리, 주문품 출하, 상품조달(생산), 운송, 파킹 등을 포함한 5가지 요소기능과 관련한 업무 흐름의 일괄처리가 실현되고 있다.

28. 공동수송의 장점으로 틀린 것은?
① 운임요금의 적정화
② 물류시설 및 인원의 축소
③ 소량 부정기화물도 공동수송가능
④ 상품특성을 살린 판매전략 제약

해설 상품특성을 살린 판매전략 제약은 공동수송의 단점에 해당된다.

03 화물운송서비스의 이해

01. 기업존속의 결정 조건으로 틀린 것은?
① 기업존속의 주요 조건 중 하나는 코스트(비용) 절감이다.
② 매출 확대를 실현시킬 수 있다면 기업의 존속이 가능하다.
③ 매출 확대와 비용 절감 둘 다 이루지 못해도 기업의 존속이 가능하다.
④ 매출 확대와 비용 절감 둘 중 하나라도 이뤄야 한다.

해설 매출 확대와 비용 절감 둘 다 이루지 못하면 기업이 존속할 수 없다. 어느 쪽도 달성할 수 없다면 살아남기 힘들 것이다.

02. 주파수 공용통신(TRS)의 서비스 종류에 해당되지 않은 것은?
① 음성통화(Voice dispatch)
② 공중망접속통화(PSTN I/L)
③ TRS 데이터통신
④ 첨단 차량군 환경관리(Advanced Fleet Environment Management)

해설 첨단 차량군 환경관리가 서비스 종류에 해당된다.

03. 급변하는 상황에 민첩히 대응하기 위한 전략적 기업제휴를 의미하며 여기에서 정보시스템으로 동시공학체제를 갖춘 생산·판매·물류시스템과 경영시스템을 확립한 기업으로 맞는 것은?
① 중소기업 ② 소상공인
③ 가상기업 ④ 사회적 협동조합

24. ④ 25. ③ 26. ② 27. ③ 28. ④ / 01. ③ 02. ④ 03. ③

해설 가상기업 : 급변하는 상황에 민첩히 대응하기 위한 전략적 기업제휴이며, 정보시스템으로 동시공학체제를 갖춘 생산·판매·물류시스템과 경영시스템을 확립한 기업이다.

04. 현상의 변혁에 성공하는 비결에 대한 설명으로 틀린 것은?
① 현상의 변혁에 성공하는 비결은 개혁을 적시에 착수하는 것이다.
② 현상의 변혁에 성공하는 비결의 문제는 업종에 있는 것이 아니라 운송기술의 개발이나 새로운 서비스방식의 개발에 의해, 이익을 올릴 여지는 충분하다.
③ 현상의 부정, 타파, 창조변혁을 이룬다고 하는 변혁의 철학이 더욱 좋게 한다.
④ 새 건물이나 중고 차량을 구입했을 경우, 신규노선이나 신지역에 진출했을 경우

해설 새 건물이나 새 차량을 구입했을 경우 개혁을 착수하는 것이다.

05. 트럭운송을 통한 새로운 가치 창출에 대한 설명으로 틀린 것은?
① 트럭운송은 사회의 공유물이다. 트럭운송은 사회와 깊은 관계를 가지고 있으며, 물자의 운송 없이 사회는 존재할 수 없다.
② 사람이 사는 곳이라면, 어디든지 물자의 운송이 이루어져야 한다.
③ 트럭이 해야만 하는 제1의 원칙은 사회에 대하여 운송활동을 통해 새로운 가치를 창출해 낸다고 한다.
④ 화물운송종사업무는 새로운 가치를 창출하고 국가에 무엇인가 공헌을 하고 있다는 데에 존재의의가 있다.

해설 화물운송종사업무는 새로운 가치를 창출하고 사회에 무엇인가 공헌을 하고 있다는 데에 존재의의가 있다.

06. 기업이 물류아웃소싱을 도입하는 이유로 틀린 것은?
① 물류관련 자산비용의 부담을 줄임으로써 비용절감을 기대할 수 있다.
② 전문물류서비스의 활동을 통해 고객서비스를 향상시킬 수 있다.

③ 자사의 핵심사업 분야에 더욱 집중할 수 있다.
④ 전체적인 영업력을 제고할 수 있다는 기대에서 출발한다.

해설 전체적인 경쟁력을 제고할 수 있다는 기대에서 출발한다.

07. 신속대응(QR: Quick Response)에 대한 설명으로 틀린 것은?
① 신속대응 전략 : 생산·유통기간의 단축, 재고의 감소, 반품손실 감소 등 생산·유통의 각 단계에서 효율화를 실현하고 그 성과는 생산자, 유통관계자, 소비자에게 골고루 돌아가게 하는 기법
② 신속대응 : 생산·유통관련업자가 전략적으로 제휴하여 소비자의 선호 등을 즉시 파악하여 시장변화에 신속하게 대응함으로써 시장에 적합한 상품을 적시에, 적소로, 적당한 가격으로 제공하는 것을 원칙으로 하고 있다.
③ 제조업자는 대략적 수요예측, 주문량에 따른 생산의 유연성 확보, 높은 자산회전율 등의 혜택을 볼 수 있다.
④ 소매업자는 유지비용의 절감, 고객서비스 제고, 높은 상품회전율, 매출과 이익증대 등의 혜택을 볼 수 있다.

해설 제조업자는 정확한 수요예측, 주문량에 따른 생산의 유연성 확보, 높은 자산회전율 등의 혜택을 볼 수 있다.

08. 다음 중 물류의 전사적 품질관리(TQC: Total Quality Control)에 대한 설명으로 맞는 것은?
① 최종고객의 욕구를 충족시키기 위하여 원료공급자로부터 최종 소비자에 이르기까지, 공급망 내의 각 기업 간에 긴밀한 협력을 통해 공급업망 전체의 물자의 흐름을 원활하게 하는 공동전략
② 물류활동에 관련되는 모든 사람들이 제품이나 서비스를 만드는 모든 작업자가 품질에 대하여 책임을 나누어 갖는다는 전략
③ 공급망 내의 각 기업은 상호 협력하여 공급망 프로세스를 재구축하고, 업무협약을 맺으며, 공동전략을 구사하게 된다.
④ 광범위한 공급망의 조직을 관리하고, 기술, 능력, 정보기술, 자료 등을 관리하는 공급망 전략

정답 04. ④ 05. ④ 06. ④ 07. ③ 08. ②

해설 물류의 전사적 품질관리(TQC: Total Quality Control) : 물류활동에 관련되는 모든 사람들이 제품이나 서비스를 만드는 모든 작업자가 품질에 대하여 책임을 나누어 갖는다는 전략

09. 제품설계부터 폐기에 이르는 모든 활동을, 디지털정보기술의 통합을 통해 구현하는 산업화전략에 대한 설명은?

① 신속대응(QR)
② 제4자 물류(4PL)
③ 효율적 고객대응(ECR)
④ 통합판매 · 물류 · 생산시스템(CALS)

해설 통합판매 · 물류 · 생산시스템(CALS) : 제품설계부터 폐기에 이르는 모든 활동을, 디지털정보기술의 통합을 통해 구현하는 산업화전략

10. GPS(범지구측위시스템)의 도입효과에 대한 설명으로 틀린 것은?

① 각종 자연재해로부터 사전에 대비해 재해를 회피할 수 있다.
② 토지조성공사에도 작업자가 건설용지를 돌면서 지반침하와 침하량을 측정하여 리얼타임으로 신속하게 대응할 수 있다.
③ 대도시의 교통혼잡 시에 차량에서 행선지 지도와 도로 사정을 파악할 수 있으며, 공중에서 온천탐사도 할 수 있다.
④ 야간에 운행하는 운송차량추적시스템을 GPS를 통해 완벽하게 관리 및 통제할 수 있다.

해설 밤낮으로 운행하는 운송차량추적시스템을 GPS를 통해 완벽하게 관리 및 통제할 수 있다.

11. 범지구 측위시스템(GPS: Global Positioning System)에 대한 설명으로 틀린 것은?

① GPS란 관성항법(慣性航法)과 더불어 어두운 밤에도 목적지에 유도하는 측위(測衛)통신망으로서 주로 차량위치추적을 통한 물류관리에 이용되는 통신망이다.
② 인공위성을 이용한 범지구 측위시스템은 지구의 어느 곳이든 실시간으로 자기 또는 타인의 위치를 확인할 수 있다.
③ GPS는 미국방성이 관리하는 새로운 시스템으로 고도 2만km 또는 24개의 위성으로부터 전파를 수신하여 그 소요시간으로 이동체의 거리를 산출한다.
④ GPS 사용 시 측정오차는 10/100m 정도로서 지상에서의 고정점 측정오차를 5~8m로 줄일 수 있다.

해설 GPS 사용 시 측정오차는 10/100m 정도로서 지상에서의 고정점 측정오차를 2~3m로 줄일 수 있다.

04 화물운송서비스와 문제점

01. 택배운송서비스에서 고객의 요구사항에 대한 설명으로 틀린 것은?

① 포장불비로 화물 포장 요구
② 냉동화물 우선 배달
③ 판매용 화물 오전 배달
④ 할증 요구

해설 택배운송서비스에서 고객의 요구사항은 할인을 요구한다.

02. 화물에 이상이 있을 시 인계방법으로 틀린 것은?

① 약간의 문제가 있을 시에는 반드시 배상을 해주어야 한다.
② 배달 완료 후 파손, 기타 이상이 있다는 배상 요청 시 반드시 현장 확인을 해야 한다.
③ 완전히 파손, 변질 시에는 진심으로 사과하고 회수 후 변상하고, 내품에 이상이 있을 시는 전화할 곳과 절차를 알려준다.
④ 배달 완료 후 파손, 기타 이상이 있다는 배상 요청 시 책임을 전가 받는 경우가 발생할 수 있다.

해설 약간의 문제가 있을 시에는 잘 설명하도록 한다.

03. 택배 집하 방법에서 집하의 중요성에 대한 설명으로 틀린 것은?

① 집하는 택배사업의 기본이다.
② 집하가 배달보다, 우선되어야 한다.
③ 집하 있는 곳에 배달이 있다.
④ 집하를 잘 해야 고객불만이 감소한다.

09. ④   10. ④   11. ④   /   01. ④   02. ①   03. ③

해설 배달 있는 곳에 집하가 있다.

04. 물품고객서비스의 거래 전 요소에 대한 설명으로 틀린 것은?
① 문서화된 고객 서비스 정책 및 고객에 대한 제공
② 접근 가능성, 조직구조
③ 시스템의 유연성, 매니지먼트 서비스
④ 설치, 보증, 변경, 수리, 부품, 제품의 추적 등

해설 설치, 보증, 변경, 수리, 부품, 제품의 추적 등 요소는 거래 후 요소에 해당된다.

05. 택배운송서비스에서 고객의 불만사항으로 틀린 것은?
① 약속시간을 지키지 않는다(특히, 집하 요청 시).
② 전화도 없이 불쑥 나타난다.
③ 길거리에서 화물을 건네준다.
④ 진정한 택배종사자로서 대접받을 수 있도록 행동한다.

해설 진정한 택배종사자로서 대접받을 수 있도록 행동한다는 택배종사자의 서비스자세에 해당된다.

06. 다음 중 물류클레임으로 틀린 것은?
① 오품, 오량   ② 체류시간의 단축
③ 수량 오류   ④ 전표 오류, 지연

해설 체류시간의 단축은 물류서비스 수준을 향상시키는 효과가 있다.

07. 택배종사자의 용모와 복장에 대한 설명으로 틀린 것은?
① 고객도 복장과 용모에 따라 대한다.
② 슬리퍼는 혐오감을 준다.
③ 명찰은 신분확인증
④ 배달이 불량하면, 판매에 영향을 준다.

해설 배달이 불량하면, 판매에 영향을 주기에 상품을 판매하고 있다는 생각으로 임해야 한다.

08. 택배 집하 방법에서 방문 집하 방법에 대한 설명으로 틀린 것은?
① 기업화물 집하 시 행동 – 화물이 준비되지 않았으면 운전석에 대기하고 있다가 출하담당자와 친구가 되도록 할 것
② 방문 약속시간의 준수 – 고객 부재 상태에서는 집하가 곤란하고 약속시간이 늦으면 불만이 가중되기 때문에 사전에 전화를 해야 한다.
③ 운송장 기록의 중요성 – 운송장 기록을 정확하게 기재하지 않고 부실하게 기재하면 오도착, 배달 불가, 배상금액 확대, 화물파손 등의 문제점이 발생한다.
④ 포장의 확인 – 화물종류에 따른 포장의 안전성을 판단하여 안전하지 못할 경우에 보완을 요구하여 보완 후 발송한다.

해설 기업화물 집하 시 행동 : 화물이 준비되지 않았다고 운전석에 앉아 있거나 빈둥거리지 말 것(작업을 도와주어야 함), 출하담당자와 친구가 되도록 할 것

09. 택배화물의 배달방법에서 고객부재시 배달방법에 대한 설명으로 틀린 것은?
① 부재안내표의 작성 및 투입 – 방문시간, 송하인, 화물명, 연락처 등을 기록하여 문 안에 투입
② 대리인 인수 시는 인수처를 명기하여 찾도록 해야 한다.
③ 밖으로 불러냈을 때의 방법 – 반드시 죄송하다는 인사는 할 필요가 없다.
④ 대리인 인계가 되었을 때는 귀점(귀사) 중 다시 전화로 확인 및 귀점 후 재확인하여 인수사실을 확인한다.

해설 밖으로 불러냈을 때의 방법 : 반드시 죄송하다는 인사를 한다.

10. 택배화물의 배달방법에서 수하인 문전 행동방법에 대한 설명으로 틀린 것은?
① 인사방법 : 초인종을 누른 후 인사한다. 사람이 안 나온다고 문을 쾅쾅 두드리거나 발로 차지 않는다.
② 배달표 수령인 날인 확보 : 반드시 정자 이름과 날인(또는 사인)을 동시에 받는다.

정답 04. ④ 05. ④ 06. ② 07. ④ 08. ① 09. ③

③ 화물인계방법 : "○○○한테서 소포 또는 상품을 배달하러 왔습니다." 하며 속 내용물을 확인하여 이상 유무를 체크한 후 인계한다.
④ 불필요한 말과 행동을 하지 말 것

해설 화물인계방법 : "○○○한테서 소포 또는 상품을 배달하러 왔습니다." 하며 겉포장의 이상유무를 확인한 후 인계한다.

11. 철도나 선박수송과 비교한 트럭수송의 장점으로 틀린 것은?

① 중간 하역이 불필요하며 포장의 간소화·간략화가 가능하다.
② 수송단위가 작고 연료비나 인건비(장거리 경우) 등 수송단가가 높다.
③ 싣고 부리는 횟수가 적다.
④ 다른 수송기관과 연동하지 않고서도 일관된 서비스를 할 수 있다.

해설 수송단위가 작고 연료비나 인건비(장거리 경우)등 수송단가가 높다는 트럭수송의 단점에 해당된다.

12. 국내 화주기업 물류의 문제점에서 제조업체와 물류업체간 협조성이 미비한 이유에 대한 설명으로 틀린 것은?

① 신뢰성의 문제
② 물류에 대한 통제력
③ 비용부분
④ 물류 전문업체의 물류인프라 활용도 미약

해설 물류 전문업체의 물류인프라 활용도 미약은 국내 화주기업 물류의 문제점에서 제조업체와 물류업체간 협조성이 미비한 이유에 포함되지 않는다.

13. 국내 화주기업 물류의 문제점에 대한 설명으로 틀린 것은?

① 각 업체의 독자적 물류기능 보유(합리화 장애)
② 제4자 물류(4PL)기능의 약화(제한적·변형적 형태)
③ 시설 간·업체 간 표준화 미약
④ 제조·물류업체 간 협조성이 미비한 이유

해설 제3자 물류기능의 약화(제한적·변형적 형태)가 문제점이다.

14. 자가용 트럭운송의 장·단점에 대한 설명으로 틀린 것은?

① 수송능력에 한계가 있다.
② 수송비가 저렴하다.
③ 작업의 기동성이 높다.
④ 리스크가 낮다(위험부담도가 낮다).

해설 ②는 사업용(영업용) 트럭운송의 장점에 해당된다.

15. 철도와 선박과 비교한 트럭 수송의 장·단점에서 트럭 수송의 장점에 대한 설명으로 틀린 것은?

① 문전에서 문전으로 배송서비스를 탄력적으로 수행할 수 있다.
② 수송단위가 작고 연료비나 인건비 등 수송단가가 높다.
③ 다른 수송기관과 연동하지 않고서도 일관된 서비스를 할 수 있다.
④ 화물을 싣고 부리는 횟수가 적어도 된다.

해설 수송단위가 작고 연료비나 인건비 등 수송단가가 높은 것은 트럭의 단점에 해당된다.

16. 사업용(영업용) 트럭운송의 장·단점에서 단점에 대한 설명으로 틀린 것은?

① 수송비가 저렴하고 수송능력이 높다.
② 운임의 안정화가 곤란하고 관리 기능이 저해된다.
③ 시스템의 일관성이 없다.
④ 마케팅 사고가 희박하다.

해설 수송비가 저렴하다. 수송능력이 높은 것은 장점에 해당된다.

10. ③ 11. ③ 12. ④ 13. ② 14. ② 15. ② 16. ①

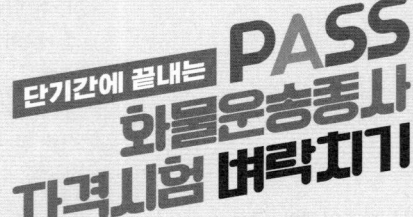

부록

파이널 모의고사

CHAPTER 01 파이널 모의고사 1회

01. 다음 중 도로교통법상 자동차에 해당하지 않는 것은?
① 농업용 콤바인
② 화물자동차
③ 이륜자동차(125cc 초과)
④ 콘크리트 믹서트럭

해설 도로교통법상 농업용 콤바인은 자동차에는 해당하지 않는다.

02. 화물자동차 운송사업자의 준수사항에 대한 설명으로 틀린 것은?
① 자기 명의로 운송계약을 체결한 화물에 대해 다른 운송사업자에게 수수료를 받고 운송을 위탁하여서는 아니 된다.
② 화물운송의 대가로 받은 운임 및 요금의 일부를 화주 또는 다른 운송사업자 등이 요구할 경우 되돌려 줘야 한다.
③ 운수종사자가 법정 준수사항을 성실히 이행하도록 지도·감독하여야 한다.
④ 운임 및 요금과 운송약관을 영업소 또는 화물자동차에 갖추어 두고 이용자가 요구하면 이를 내보여야 한다.

해설 운송사업자는 화물운송의 대가로 받은 운임 및 요금의 일부를 화주 또는 운송사업자, 화물자동차 운송주선사업을 경영하는 자에게 되돌려주는 행위를 하여서는 아니 된다.

03. 자동차의 고속운행에만 사용하기 위하여 지정된 도로로 맞는 것은?
① 고속도로
② 고가도로
③ 일반국도
④ 자동차 전용도로

해설 고속도로 : 자동차의 고속 운행에만 사용하기 위하여 지정된 도로

04. 도로관리청이 광역시장 또는 도지사인 경우 자동차 전용도로를 지정하고자 할 때는 누구의 의견을 들어야 하는가?
① 관할 경찰서장
② 행정안전부장관
③ 경찰국장
④ 관할 지방경찰청장

해설 자동차 전용도로 지정 시 도로관리청이 특별시장, 광역시장, 도지사 또는 특별자치도지사이면 관할 지방경찰청장의 의견을 들어야 한다.

05. 다음 중 신호의 종류와 그 신호의 뜻으로 틀린 것은?
① 황색의 등화 시 이미 교차로에 차마의 일부라도 진입한 경우에는 신속히 교차로 밖으로 진행하여야 한다.
② 황색화살표 등화의 점멸은 차마는 다른 교통 또는 안전표지의 표시에 주의하면서 화살표시 방향으로 진행할 수 있다.
③ 적색의 등화시 차마는 정지선, 횡단보도 및 교차로의 직전에서 정지하여야 한다.
④ 녹색의 등화 시 차마는 직진 또는 우회전해서는 안 된다.

해설 녹색의 등화 시 차마의 직진 또는 우회전할 수 있다.

06. 연합회에서 화물운송업과 관련하여 처리하는 업무로 맞는 것은?
① 화물운송사업 허가사항에 대한 경미한 사항 변경 신고
② 화물자동차 운송종사자격의 취소 및 효력의 정지
③ 과로운전, 과속운전, 과적운행의 예방 등 안전 수송을 위한 지도·계몽
④ 화물자동차 운전자의 인명사상사고 및 교통법규 위반사항 제공

정답 01. ① 02. ② 03. ① 04. ④ 05. ④ 06. ③

해설 화물운송업과 관련하여 처리하는 업무 : 과로운전, 과속운전, 과적운행의 예방 등 안전 수송을 위한 지도·계몽

07. 다음 안전표지 중 주의표지에 해당하는 것으로 맞는 것은?
① 철길 건널목 ② 화물자동차 통행금지
③ 중앙분리대 시작 ④ 정차·주차금지

해설 주의표지 : 좌합류도로, 철길 건널목, 우로 굽은 도로, 터널, 횡풍

08. 대기환경보전법상 용어의 정의 중 연소할 때에 생기는 공기 부족 등의 경우 발생하는 흑연 즉 그을음 등 미세한 입자상 물질로 맞는 것은?
① 매연 ② 온실가스
③ 액체성 물질 ④ 질소산화물

해설 연소할 때 생기는 유리탄소가 주가 되는 미세한 입자상 물질을 매연이라 한다.

09. 다음 중 편도 3차로 이상 고속도로의 왼쪽 차로로 통행할 수 있는 차종으로 틀린 것은?
① 승용자동차 ② 소형 승합자동차
③ 중형 승합자동차 ④ 대형 승합자동차

해설 대형 승합자동차는 편도 3차로 이상 고속도로의 오른쪽 차로로 통행할 수 있다.

10. 자동차 등록에 관한 설명 중 틀린 것은?
① 임시운행허가를 받은 경우에는 자동차등록원부에 등록하기 전에도 운행할 수 있다.
② 자동차 해체 재활용업자에게 폐차를 요청한 경우에는 말소등록을 하여야 한다.
③ 말소등록 신청 시 자동차등록증, 자동차등록번호판 및 봉인을 반납하여야 한다.
④ 등록된 자동차를 양수받은 자는 자동차 소유권의 변경등록을 신청하여야 한다.

해설 등록된 자동차를 양수받은 자는 자동차 소유권의 변경등록이 아닌 이전등록을 신청해야 한다.

11. 다음 차로에 대한 설명으로 틀린 것은?
① 고속도로 외의 도로의 경우 왼쪽 차로란 차로를 반으로 나누어 1차로에 가까운 부분의 차로를 말한다.
② 고속도로 외의 도로의 경우 오른쪽 차로란 왼쪽 차로를 제외한 나머지 차로를 말한다.
③ 고속도로의 경우 오른쪽 차로란 1차로와 왼쪽 차로를 제외한 나머지 차로를 말한다.
④ 고속도로의 경우 왼쪽 차로란 1차로를 제외한 차로를 반으로 나누어 그중 1차로에 가까운 부분의 차로를 말한다. 다만, 1차로를 제외한 차로의 수가 짝수인 경우 그 중 가운데 차로는 제외한다.

해설 고속도로의 경우 왼쪽 차로란 1차로를 제외한 차로를 반으로 나누어 그중 1차로에 가까운 부분의 차로. 다만, 1차로를 제외한 차로의 수가 홀수인 경우 그 중 가운데 차로는 제외한다.

12. 시·도지사가 공회전 제한장치의 부착을 명령할 수 있는 대상 화물차량의 최대 적재량 기준으로 맞는 것은?
① 1톤 이하 ② 1.5톤 이상
③ 2톤 이상 ④ 2.5톤 이상

해설 시·도지사는 화물자동차 운송사업에 사용되는 최대 적재량 1톤 이하인 밴형 화물자동차로서 택배용으로 사용되는 자동차에 대하여 시·도 조례에 따라 공회전 제한장치의 부착을 명령할 수 있다.

13. 편도 2차로 이상 모든 고속도로에서 적재중량 1.5톤 이하 화물자동차의 최고속도와 최저속도로 맞는 것은?
① 최고속도 : 매시 100km, 최저속도 : 매시 50km
② 최고속도 : 매시 120km, 최저속도 : 매시 50km
③ 최고속도 : 매시 80km, 최저속도 : 매시 50km
④ 최고속도 : 매시 90km, 최저속도 : 매시 50km

해설 편도 2차로 이상 고속도로에서 자동차 등의 속도는 최고속도 매시 100km, 최저속도 매시 50km

07. ①　08. ①　09. ④　10. ④　11. ④　12. ①　13. ①

14. 다음 중 교통사고처리특례법상 보도침범사고에 해당하는 것으로 맞는 것은?

① 부득이하게 보도를 침범하여 발생한 사고
② 보·차도가 구분된 도로에서 보도 내의 사고
③ 길가장자리 구역에서 발생한 사고
④ 학교 안에 자체적으로 설치한 보도를 침범하여 발생한 사고

해설 장소적으로 보·차도가 구분된 도로에서 보도 내의 사고

15. 자동차의 앞면 창유리의 가시광선 투과율이 기준보다 낮으면 교통안전 등에 지장을 줄 수 있으므로 운전하면 안되는 앞면 창유리의 투과율로 맞는 것은?

① 50% 미만   ② 60% 미만
③ 70% 미만   ④ 80% 미만

해설 앞면 창유리의 가시광선 투과율이 70% 미만인 경우 교통안전 등에 지장을 줄 수 있으므로 운전하면 안 된다.

16. 도로교통법령상 운행속도를 최고속도의 50/100을 줄인 속도로 운행하여야 하는 경우가 아닌 것은?

① 눈이 20mm 미만 쌓인 경우
② 폭우, 폭설, 안개 등으로 가시거리가 100m 이내인 경우
③ 눈이 20mm 이상 쌓인 경우
④ 노면이 얼어붙은 경우

해설 눈이 20mm 미만 쌓인 경우에는 최고속도의 100분의 20으로 감속 운행해야 한다.

17. 다음 중 서행에 대한 설명으로 맞는 것은?

① 차 또는 노면전차가 즉시 정지할 수 있는 느린 속도로 진행하는 위험을 예상한 상황적 대비
② 자동차가 완전히 멈추는 상태, 당시의 속도가 0km/h인 상태로서 완전한 정지 상태
③ 반드시 차가 멈추어야 하되 얼마간의 시간동안 정지상태를 유지해야 하는 교통상황적 의미
④ 시·도 경찰청이 필요하다고 인정하여 안전 표지로 지정한 곳

해설 ②는 정지 상태에 대한 설명이다. ③, ④는 일시정지에 대한 설명이다.

18. 화물자동차 운전자에게 최고속도 제한장치가 정상적으로 작동되지 않는 상태에서 운행하도록 한 경우 일반화물자동차 운송사업자에 대한 과징금은?

① 50만원   ② 100만원
③ 150만원   ④ 200만원

해설 화물자동차 운전자에게 화물자동차운수사업법 제11조제23항 및 「자동차관리법」 제35조를 위반하여 전기·전자장치(최고속도제한장치에 한정한다)를 무단으로 해체하거나 조작한 경우에는 일반화물의 경우 100만 원의 과징금이 처분된다.

19. 다음 중 제1종 운전면허의 종류가 아닌 것은?

① 대형면허   ② 원동기장치자전거면허
③ 특수면허   ④ 구난차 특수면허

해설 원동기장치자전거면허는 제2종 운전면허이다.

20. 교통사고처리특례법 적용 배제 사유로 틀린 것은?

① 지시위반사고
② 무면허운전사고
③ 교차로 내 사고
④ 적재화물의 추락방지 의무 위반 사고

해설 12개 중요법규 위반으로 사고가 난 경우이며 교차로 내 사고는 12대 중과실사고에 해당하지 않는다.

21. 교통사고처리특례법상 특례가 배제되는 경우로 틀린 것은?

① 철길 건널목 통과방법 위반 사고
② 보행자보호의무 위반사고
③ 보도 침범, 보도 횡단방법 위반 사고
④ 에어컨이나 히터 등의 고장으로 정비불량차 운행 중 사고

해설 정비불량차 운행 중 사고는 특례의 적용을 받는다.

정답 14. ② 15. ③ 16. ① 17. ① 18. ② 19. ② 20. ③ 21. ④

22. 고속도로 외의 편도 4차로 도로에서 차로별로 통행할 수 있는 차종 연결이 잘못된 것은? (단, 앞지르기 차로는 제외)

① 1차로 : 소형 승합자동차
② 2차로 : 중형 승합자동차
③ 3차로 : 적재중량이 1.5톤을 초과하는 화물자동차
④ 4차로 : 원동기장치자전거

해설 고속도로 외의 편도 4차로 도로에서 차로별로 통행할 수 있는 차종에서 적재중량이 1.5톤을 초과하는 화물자동차는 4차로를 이용해야 한다.

23. 교통사고처리특례법상 특례가 배제되는 신호·지시 위반사고로 틀린 것은?

① 경찰관 등의 수신호를 위반하여 일어난 사고
② 신호기가 설치되어 있는 교차로나 횡단보도에서 일어난 사고
③ 운전자의 고의적 과실로 일어난 사고
④ 진행방향에 신호기가 설치되지 않은 도로에서 일어난 사고

해설 진행방향에 신호기가 설치되지 않은 도로에서 일어난 사고는 예외사항이다.

24. 회전이나 좌회전 또는 우회전을 하기 위해 사용하는 신호방법으로 틀린 것은?

① 경음기   ② 방향지시기
③ 등화   ④ 손

해설 회전이나 좌회전 또는 우회전을 하기 위해 사용하는 신호방법 : 손, 방향지시등, 등화

25. 다음 중 앞지르기가 금지되는 장소로 틀린 것은?

① 터널을 통과한 이후 주행 시
② 비탈길의 고갯마루 부근
③ 도로의 구부러진 곳
④ 다리 위

해설 앞지르기가 금지되는 장소 : 교차로, 터널 안, 다리 위, 도로의 구부러진 곳, 비탈길의 고갯마루 부근, 가파른 비탈길의 내리막 등

26. 화물자동차 운수사업법령에서 정의한 운수종사자에 해당하는 자는?

① 화물의 운송 또는 주선에 관한 사무를 취급하는 사무원
② 자동차 보험회사 직원
③ 1급 정비공장 정비원
④ 지방자치단체 교통 공무원

해설 운수종사자 : 화물자동차의 운전자, 화물의 운송 또는 주선에 관한 사무를 취급하는 사무원 및 이를 보조하는 보조원, 그 밖에 화물자동차 운수사업에 종사하는 자

27. 일반화물자동차 운송사업은 ( )대 이상의 범위에서 ( )대 이상의 화물자동차를 사용하여 화물을 운송하는 사업이다. ( ) 안에 공통으로 들어갈 숫자로 맞는 것은?

① 20   ② 30
③ 40   ④ 50

해설 일반화물자동차 운송사업 : 20대 이상의 범위에서 20대 이상의 화물자동차를 사용하여 화물을 운송하는 사업

28. 운전적성 정밀검사 중 특별검사는 과거 1년간 도로교통법 시행규칙에 따른 운전면허 행정처분기준에 따라 산출된 누산점수가 몇 점 이상이어야 하는가?

① 121점   ② 100점
③ 81점   ④ 61점

해설 특별검사
㉠ 교통사고를 일으켜 사람을 사망하게 하거나 5주 이상의 치료가 필요한 상해를 입힌 사람
㉡ 과거 1년간 「도로교통법 시행규칙」에 따른 운전면허 행정처분기준에 따라 산출된 누산점수가 81점인 사람이 받아야 한다.

29. 운송사업자가 화물자동차 운전자를 채용하거나 채용된 화물자동차 운전자가 퇴직하였을 때 그 명단을 언제까지 협회에 제출하여야 하는가?

① 채용 또는 퇴직한 날 당일
② 채용 또는 퇴직한 날이 속하는 달의 말일까지

22. ③ 23. ④ 24. ① 25. ① 26. ① 27. ① 28. ③

③ 채용 또는 퇴직한 날이 속하는 달의 다음 달 초까지
④ 채용 또는 퇴직한 날이 속하는 달의 다음 달 10일까지

해설 운송사업자는 화물자동차 운전자를 채용하거나 채용된 화물자동차 운전자가 퇴직하였을 때 그 명단을 채용 또는 퇴직한 날이 속하는 달의 다음 달 10일까지 협회에 제출

30. 교통안전표지의 종류로 틀린 것은?
① 주변표지　　② 규제표지
③ 지시표지　　④ 노면표지

해설 안전표지란 교통안전에 필요한 주의, 규제, 지시 등을 표시하는 표지판이나, 도로의 바닥에 표시하는 기호, 문자 또는 선 등의 노면표시를 말한다. 주변표지는 안전표지의 종류에 해당하지 않는다.

31. 화물자동차운송사업의 허가를 받을 수 없는 자로 틀린 것은?
① 화물자동차운수사업법을 위반하여 징역 이상의 실형을 선고받고 그 집행이 끝나거나 집행이 면제된 날부터 2년이 지나지 아니한 자
② 부정한 방법으로 허가를 받은 경우에 해당하여 허가가 취소된 후 5년이 지나지 아니한 자
③ 파산선고를 받고 복권되지 아니한 자
④ 화물자동차운수사업법을 위반하여 징역 이상의 형의 집행유예를 선고받고 그 유예기간이 지난 자

해설 화물자동차운수사업법을 위반하여 징역 이상의 형의 집행유예를 선고받고 그 유예기간 중에 있는 자

32. 도로법령상 도로에 해당하지 않는 것은?
① 시도, 군도인도　　② 인도
③ 지방도　　④ 고속국도

해설 도로법령상 도로는 고속국도, 일반국도, 특별시도·광역시도, 지방도, 시도, 군도, 구도로 구분한다.

33. 화물자동차운수사업법상 화물자동차운송가맹사업을 경영하려는 자는 누구의 허가를 받아야 하는가?
① 경찰서장　　② 국토교통부장관
③ 행정안전부장관　　④ 시·도지사

해설 화물자동차운송가맹사업을 경영하려는 자는 국토교통부령으로 정하는 바에 따라 국토교통부장관에게 허가를 받아야 한다.

34. 종합검사의 검사기간은 검사유효기간의 마지막 날 전후 각각 며칠 이내인가?
① 15일　　② 31일
③ 45일　　④ 60일

해설 자동차 소유자가 종합검사를 받아야 하는 기간은 검사 유효기간의 마지막 날(검사유효기간을 연장하거나 검사를 유예한 경우에는 그 연장 또는 유예된 기간의 마지막 날을 말한다) 전후 각각 31일 이내로 한다.

35. 화물자동차운수사업의 운전업무에 종사할 수 있는 자로 틀린 것은?
① 여객자동차운수사업용 자동차 또는 화물자동차운수사업용 자동차를 운전한 경력이 있는 경우에는 그 운전경력이 1년 이상일 것
② 운전경력이 2년 이상일 것
③ 국토교통부령으로 정하는 운전적성에 대한 정밀검사기준에 맞을 것
④ 18세 이상일 것

해설 화물자동차운수사업의 운전업무 종사자격
- 화물자동차를 운전하기에 적합한 도로교통법 제80조에 따른 운전면허를 가지고 있을 것
- 20세 이상일 것
- 운전경력이 2년 이상일 것. 다만, 여객자동차운수사업용 자동차 또는 화물자동차운수사업용 자동차를 운전한 경력이 있는 경우에는 그 운전경력이 1년 이상이어야 한다.

36. 건설기계관리법에 따른 자동차에 해당하지 않는 차종은?
① 콘크리트 믹서트럭　　② 노상안정기
③ 3톤 이상의 지게차　　④ 덤프트럭

해설 건설기계관리법에 따른 자동차 : 덤프트럭, 아스팔트 살포기, 노상안정기, 콘크리트 믹서트럭, 콘크리트펌프, 천공기(트럭적재식), 콘크리트 믹서트레일러, 아스팔트 콘크리트 재생기, 도로보수트럭, 3톤 미만의 지게차

37. 한국교통안전공단에서 처리하는 일로 틀린 것은?

① 운전적성에 대한 정밀검사 시행
② 화물운송종사자격증 발급
③ 화물자동차운송사업의 허가사항 변경허가
④ 화물운송종사자격시험의 실시·관리 및 교육

해설 화물자동차운송사업의 허가사항 변경허가는 시·도에서 처리하는 업무에 해당한다.

38. 제작연도에 등록되지 아니한 자동차의 차령기산일은?

① 제작연도의 초일
② 제작연도 그 다음년도의 초일
③ 최초 신규등록일
④ 제작연도의 말일

해설 제작연도에 등록되지 아니한 자동차는 제작연도의 말일을 차령기산일로 한다.

39. 2020년 제작된 차를 2020년 12월 15일에 구매해서 2021년 2월 10일 신규등록을 하였을 경우 차령 기산일로 맞는 것은?

① 2020년 12월 15일 ② 2020년 12월 31일
③ 2021년 2월 10일   ④ 2021년 12월 31일

해설 제작연도에 등록되지 않은 자동차는 제작연도의 말일이 차령기산일이다.

40. 화물운송자격시험에 합격한 사람이 받아야 하는 법정교육시간으로 맞는 것은?

① 8시간   ② 10시간
③ 12시간   ④ 16시간

해설 화물운송자격시험에 합격한 사람은 8시간 동안 법, 안전, 화물취급요령, 응급처치, 운송서비스에 관한 사항을 교육받아야 한다.

41. 자동차관리법상 신규등록을 하려는 경우 실시하는 검사로 맞는 것은?

① 신규검사   ② 정기검사
③ 임시검사   ④ 특별검사

해설 신규검사 : 자동차관리법상 신규등록을 하려는 경우 실시하는 검사
정기검사 : 신규등록 후 일정 기간마다 정기적으로 실시하는 검사
임시검사 : 자동차관리법령에 따라, 또는 자동차 소유자의 신청을 받아 비정기적으로 실시하는 검사

42. 차가 반드시 멈추어야 하는데 정지상황의 일시적 전개를 의미하는 것으로 맞는 것은?

① 일단서행   ② 정차
③ 일시정지   ④ 일단정지

해설 일시정지 : 반드시 차가 멈추어야 하되, 얼마간의 시간 동안 일시적으로 정지 상태를 유지해야 하는 교통상황이다.

43. 자동차전용도로를 지정할 때 도로관리청이 국토교통부장관인 경우 누구의 의견을 들어야 하는가?

① 시·도지사   ② 시·도 경찰국장
③ 시·도 경찰서장 ④ 경찰청장

해설 자동차전용도로를 지정할 때 도로관리청이 국토교통부장관인 경우 경찰청장의 의견을 들어야 한다.

44. 제2종 보통면허를 소지한 자가 운전할 수 있는 사업용 자동차는?

① 덤프트럭
② 총 중량 5톤의 특수자동차
③ 승차정원 12인승 승합자동차
④ 승용자동차 및 원동기장치 자전거

해설 제2종 보통면허 소지자는 적재중량 4톤 이하의 화물자동차, 총 중량 3.5톤 이하의 특수자동차(구난차등은 제외), 승용자동차(승차정원 10인승 이하의 승합자동차), 원동기장치 자전거

37. ③ 38. ④ 39. ② 40. ① 41. ① 42. ③ 43. ④ 44. ④

45. 다음 중 도로에 대한 설명으로 틀린 것은?

① 도로란 차도·보도·자전거도로, 측도, 터널, 교량, 지하도 및 육교 등 대통령령으로 정하는 시설로 구성된 것을 말하며 도로의 부속물을 포함한다.
② 터널·교량·지하도 및 육교(해당 시설에 설치된 엘리베이터를 포함한다)
③ 도선장 및 도선의 교통을 위하여 수면에 설치하는 시설
④ 옹벽·배수로·길도랑·지하통로 및 무넘기시설 등 대통령령으로 정하는 시설은 제외한다.

해설 옹벽·배수로·길도랑·지하통로 및 무넘기시설은 대통령령으로 정하는 시설인 도로이다.

46. 자동차 튜닝검사 신청서류가 아닌 것은?

① 구조·장치변경승인서
② 구조·장치변경작업견적서
③ 구조·장치변경작업완료증명서
④ 튜닝하고자 하는 구조·장치의 설계도

해설 자동차의 튜닝 신청서류 : 자동차등록증, 구조·장치변경승인서, 튜닝 전후의 주요제원대비표, 튜닝 전후의 자동차외관도(외관의 변경이 있는 경우에 한한다.), 튜닝하고자 하는 구조·장치의 설계도, 구조·장치변경작업완료증명서

47. 자동차에서 배출되는 대기오염물질을 줄이고 연료를 절약하기 위해 자동차에 부착하는 장치로서 환경부령으로 정하는 기준에 적합한 장치로 맞는 것은?

① 배출가스저감장치
② 저공해엔진
③ 친환경자동차
④ 공회전제한장치

해설 배출가스저감장치 : 자동차에서 배출되는 대기오염물질을 줄이기 위하여 자동차에 부착 또는 교체하는 장치로서 환경부령으로 정하는 저감효율에 적합한 장치

48. 다른 사람의 요구에 응하여 화물자동차를 사용하여 화물을 유상으로 화물운송계약을 중개·대리하는 사업으로 맞는 것은?

① 화물자동차 운송주선사업
② 화물자동차 운수사업
③ 화물자동차 운송가맹사업
④ 화물자동차 휴게소

해설 화물자동차 운송주선사업 : 다른 사람의 요구에 응하여 화물자동차를 사용하여 화물을 유상으로 화물운송계약을 중개·대리하는 사업

49. 운행차에 대하여 배출가스를 점검하는 경우 측정방법 등에 관하여 필요한 사항을 고시하는 자는?

① 국토교통부장관
② 환경부장관
③ 시·도지사
④ 경찰청장

해설 환경부장관 : 운행차에 대하여 배출가스를 점검하는 경우 측정방법 등에 관하여 필요한 사항을 고시

50. 화물자동차 운송가맹사업을 경영하려는 자가 국토교통부장관에게 받아야 하는 것은?

① 인가
② 승인
③ 허가
④ 신청

해설 국토교통부장관에게 허가 : 화물자동차 운송가맹사업을 경영하려는 자

51. 동일 수하인에게 다수의 화물이 배달될 때 운송장 비용을 절약하기 위하여 사용하는 운송장으로 맞는 것은?

① 동일운송장
② 보조운송장
③ 기본형운송장
④ 포켓운송장

해설 보조운송장은 동일 수하인에게 다수의 화물이 배달될 때 운송장 비용을 절약하기 위하여 사용하는 운송장으로서 간단한 기본적인 내용과 원 운송장을 연결시키는 내용만 기록한다.

52. 화물을 인수하는 요령으로 틀린 것은?

① 포장 및 운송장 기재요령을 반드시 숙지하고 인수에 임한다.
② 전화로 예약 접수 시 고객의 배송요구일자는 확인하지 않아도 된다.
③ 집하자제품목 및 집하금지품목의 경우는 그 취지를 알리고 양해를 구한 후 정중히 거절한다.

④ 도서지역에 운송되는 물품에 대해서는 부대비용의 징수 가능성을 미리 알려주고 물품을 인수한다.

해설 전화로 발송할 물품을 접수받을 때 반드시 집하 가능한 일자와 고객의 배송요구일자를 확인한 후 배송 가능한 경우에 고객과 약속하고, 약속 불이행으로 불만이 발생하지 않도록 한다.

53. 운송장을 기재할 경우 송하인이 기재할 사항으로 틀린 것은?

① 송하인의 주소, 성명, 전화번호
② 수하인의 주소, 성명, 전화번호
③ 특약사항 약관설명 확인필 자필 서명
④ 집하자 성명 및 전화번호

해설 집하자 성명 및 전화번호는 집하담당자가 기재할 사항이다.

54. 한국산업표준(KS)에 따른 화물자동차에 대한 설명으로 틀린 것은?

① 일반형은 보통의 화물운송형을 이야기한다.
② 밴형은 자동차 구조의 덮개가 있는 화물운송형을 말한다.
③ 레커차는 크레인 등을 갖추고 고장차의 앞부분만 매달아 올려서 수송하는 특수장비 자동차를 말한다.
④ 냉장차는 수송물품을 냉각제를 사용하여 냉장하는 설비를 갖추고 있는 특수용도 자동차를 말한다.

해설 레커차는 크레인 등을 갖추고 고장차의 앞 또는 뒤를 매달아 올려서 수송하는 특수장비 자동차를 말한다.

55. 다음 중 강성포장의 재료 중 틀린 것은?

① 알루미늄은박지   ② 금속제의 상자
③ 플라스틱제의 병   ④ 목재의 패널

해설 강성포장은 포장 재료나 용기의 경직성으로 형태가 변화되지 않고 고정되는 포장으로 강성을 가진 재료를 사용한다. 알루미늄은박지는 유연포장에 사용한다.

56. 화물의 길이와 크기가 일정하지 않을 경우의 적재방법으로 맞는 것은?

① 작은 화물 위에 큰 화물을 놓는다.
② 길이에 관계없이 쌓는다.
③ 길이가 고르지 못하면 한쪽 끝이 맞도록 한다.
④ 큰 화물과 작은 화물을 섞어서 쌓는다.

해설 길이가 고르지 못하면 한쪽 끝이 맞게 쌓도록 한다.

57. 다음 중 화물의 하역방법으로 틀린 것은?

① 상자로 된 화물은 취급표지에 따라 다루어야 한다.
② 길이가 고르지 못하면 한쪽 끝이 맞도록 한다.
③ 물품을 야외에 적치할 때는 밑받침을 하여 부식을 방지하고, 덮개로 덮어야 한다.
④ 부피가 큰 것을 쌓을 때는 가벼운 것은 밑에, 무거운 것은 위에 쌓는다.

해설 부피가 큰 것을 쌓을 때는 무거운 것은 밑에, 가벼운 것은 위에 쌓는다.

58. 화물에 운송장을 부착하는 방법으로 틀린 것은?

① 취급주의 스티커의 경우 운송장 바로 좌측 옆에 붙여서 눈에 띄게 한다.
② 운송장 부착은 원칙적으로 접수장소에서 매 건마다 작성 부착한다.
③ 운송장은 물품의 정중앙 상단에 뚜렷하게 보이도록 부착한다.
④ 운송장을 포장 표면에 부착할 수 없는 소형(작은 소포), 변형화물은 박스에 넣어 수탁한 후 부착한다.

해설 화물에 운송장을 부착하는 방법 : 취급주의 스티커의 경우 운송장 바로 우측 옆에 붙여서 눈에 띄게 한다.

59. 물품을 들어 올릴 때의 자세 및 방법으로 틀린 것은?

① 물품을 들 때는 허리를 적당히 펴야 한다.
② 몸의 균형을 유지하기 위해서 발은 어깨너비 만큼 벌리고 물품으로 향한다.
③ 허리의 힘으로 드는 것이 아니고 무릎을 굽혀 펴는 힘으로 물품을 든다.
④ 다리와 어깨의 근육에 힘을 넣고 팔꿈치를 바로 펴서 서서히 물품을 들어 올린다.

52. ②   53. ④   54. ③   55. ①   56. ③   57. ④   58. ①   59. ①

해설 물품을 들 때는 허리를 똑바로 펴야 한다.

60. 이사화물 표준약관상 운송사업자가 인수를 거절할 수 있는 화물로 틀린 것은?
① 일반이사화물의 종류, 무게, 부피, 운송거리 등에 따라 운송에 적합하도록 포장할 것을 사업자가 요청하였으나 고객이 이를 거절한 물건
② 위험물, 불결한 물품 등 다른 화물에 손해를 끼칠 염려가 있는 물건
③ 현금, 유가증권, 귀금속, 예금통장, 신용카드, 인감, 고객이 휴대할 수 없는 금고 등 귀중품
④ 동식물, 미술품, 골동품 등 운송에 특수한 관리를 요하기 때문에 다른 화물과 동시에 운송하기에 적합하지 않은 물건

해설 현금, 유가증권, 귀금속, 예금통장, 신용카드, 인감 등 고객이 휴대할 수 있는 귀중품

61. 열수축성 플라스틱 필름을 파렛트 화물에 씌우고 가열하여 필름을 수축시켜 파렛트와 밀착시키는 방법은?
① 박스 테두리 방식
② 수평 밴드걸기 풀붙이기 방식
③ 스트레치 방식
④ 슈링크 방식

해설 슈링크 방식 : 열수축성 플라스틱 필름을 파렛트 화물에 씌우고 슈링크 터널을 통과시킬 때 가열하여 필름을 수축시켜 파렛트와 밀착시키는 방식

62. 팔레트 화물의 붕괴를 방지하기 위한 요령 중 풀붙이기와 밴드걸기의 병용방식으로 맞는 것은?
① 슈링크 방식
② 박스 테두리 방식
③ 스트레치 방식
④ 수평 밴드걸기 풀붙이기 방식

해설 수평 밴드걸기 풀붙이기 방식 : 풀붙이기와 밴드걸기 방식을 병용한 방식은 수평 밴드걸기 풀붙이기 방식을 말한다.

63. 다음 중 밴드걸기 방식에 대한 설명으로 맞는 것은?
① 고열의 터널을 통과한다.
② 평 파렛트에 비해 제조원가가 많이 든다.
③ 풀 붙이기와 밴드걸기 방식을 병용한 것이다.
④ 나무상자를 파렛트에 쌓는 경우의 붕괴 방지에 많이 사용된다.

해설 밴드걸기 방식 : 나무상자를 파렛트에 쌓는 경우의 붕괴 방지에 많이 사용하는 방식

64. 화물더미의 화물을 출하할 경우 작업요령으로 맞는 것은?
① 화물더미 위에서부터 순차적으로 층계를 지으면서 헐어낸다.
② 화물더미 중간에서 직선으로 깊이 파낸다.
③ 화물더미 중간에서 화물을 뽑아낸다.
④ 화물더미 상층과 하층에서 동시에 헐어낸다.

해설 화물더미의 화물을 출하할 경우 작업요령 : 화물더미의 화물을 출하할 때에는 위에서부터 순차적으로 층계를 지으면서 작업하고, 상층과 하층에서 동시에 작업하지 않고, 중간에서 화물을 뽑아내거나 직선으로 깊이 파내는 작업을 해서는 안 된다.

65. 다른 라인(Line)의 컨테이너를 상차할 때 배차부서로부터 통보 받아야 할 사항으로 틀린 것은?
① 반출 전송(터미널일 경우)
② 하차장소
③ 담당자 이름과 직책, 전화번호
④ 상차 장소

해설 다른 라인(Line)의 컨테이너를 상차할 때 배차부서로부터 통보 받아야 할 사항은 라인 종류, 상차 장소, 담당자 이름과 직책, 전화번호, 터미널일 경우 반출 전송을 하는 사람이다.

66. 동일 컨테이너에 수납하지 말아야 할 화물로 틀린 것은?
① 포장 및 용기가 파손되어 있거나 불완전한 화물
② 부식작용이 일어나거나 기타 물리적·화학적 작용이 일어날 염려가 있는 화물

③ 품명이 틀린 위험물 또는 위험물과 위험물 이외의 화물이 상호작용하여 발열 및 가스를 발생
④ 위험물 이외의 화물과 박스

해설 위험물 이외의 화물과 박스는 동일 컨테이너에 수납 가능하다.

67. 과적은 안전운행에 취약한 특성이 있다. 이에 대한 설명으로 틀린 것은?

① 윤하중 증가에 따른 타이어 파손 및 타이어 내구 수명 감소로 사고 위험성이 증가한다.
② 충돌 시의 충격력은 차량의 중량과 속도에 반비례하여 증가한다.
③ 과적에 의해 차량이 무거워지면 제동거리가 길어지며 사고의 위험성이 증가한다.
④ 차량의 무게중심 상승으로 인한 차량이 균형을 잃어 전복될 가능성이 높아진다.

해설 충돌 시의 충격력은 차량의 중량과 속도에 비례하여 증가한다.

68. 운송장의 기재사항 중 운송물품의 품명, 수량, 물품가격을 기재해야 하는 사람은?

① 수하인   ② 집하담당자
③ 송하인   ④ 운송담당자

해설 송하인 : 운송장의 기재사항 중 운송물품의 품명, 수량, 물품가격을 기재해야 하는 사람

69. 다음 중 오배달사고의 대책으로 맞는 것은?

① 화물을 인계하였을 때 수령인 본인 여부 확인 작업 필히 실시
② 사전에 배송연락 후 배송 계획 수립으로 효율적 배송 시행
③ 집하할 때 화물 수량 및 운송장 부착 여부 확인 등 분실 원인 제거
④ 부실포장 화물을 집하할 때 내용물 상세 확인 및 포장 보강 시행

해설 오배달사고 : 화물을 인계하였을 때 수령인 본인 여부 확인 작업 필히 실시

70. 주유취급소의 위험물 취급기준으로 맞는 것은?

① 자동차의 일부 또는 전부가 주유취급소 밖에 나온 채 주유하지 않는다.
② 자동차에 주유할 때는 자동차등의 원동기를 정지시키지 않고 주유한다.
③ 유분리 장치에 고인 유류는 충분히 넘치도록 하여야 한다.
④ 자동차에 주유할 때는 다른 자동차를 주유취급소 안에 주차시켜야 한다.

해설 주유취급소의 위험물 취급기준 : 자동차의 일부 또는 전부가 주유취급소 밖에 나온 채 주유하지 않는다.

71. 화물의 인계요령으로 맞는 것은?

① 다수화물이 도착하였을 때에는 미도착 수량이 있는지 확인한다.
② 긴급배송해야 하는 물품은 쉽게 꺼낼 수 있게 적재한다.
③ 수하인의 주소 및 수하인이 맞는지 확인 후 인계한다.
④ 인수 예약은 반드시 접수대장에 기재하여 누락되는 일이 없도록 한다.

해설 화물의 인계요령 : 수하인의 주소 및 수하인이 맞는지 확인 후 인계

72. 택배 표준약관상 사업자는 운송장에 인도예정일의 기재가 없는 경우 도서, 산간벽지 운송물은 운송장에 기재된 운송물의 수탁일로부터 며칠 이내에 인도해야 하는가?

① 1일   ② 2일
③ 3일   ④ 4일

해설 택배 표준약관상 사업자는 운송장에 인도예정일 기재가 없는 경우 일반지역의 운송물은 2일, 도서, 산간벽지는 3일 이내에 인도해야 한다.

73. 다음 중 보닛 트럭에 대한 설명으로 맞는 것은?

① 원동기부의 덮개가 운전실의 앞쪽에 나와 있는 트럭
② 원동기의 전부 또는 대부분이 운전실의 아래쪽에 있는 트럭
③ 상자형 화물실을 갖추고 있는 트럭(지붕이 없는 것 (오픈 탑형) 포함)

④ 화물실의 지붕이 없고, 옆판이 운전대와 일체로 되어 있는 소형트럭

> **해설** 보닛 트럭 : 원동기부의 덮개가 운전실의 앞쪽에 나와 있는 트럭

74. 화물의 파손사고(깨어져 못쓰게 됨)의 원인으로 틀린 것은?
① 마대화물(쌀, 고춧가루, 잡곡 등)이 박스가 아닌 화물의 포장이 파손된 경우
② 화물을 함부로 던지거나 발로 차거나 끄는 경우
③ 화물을 적재할 때 무분별한 적재로 압착되는 경우
④ 차량에 상하차할 때 컨베이어 벨트 등에서 떨어져 파손되는 경우

> **해설** 마대화물(쌀, 고춧가루, 잡곡 등)이 박스가 아닌 화물의 포장이 파손된 경우는 내용물부족사고의 원인이다.

75. 다음 중 특수용도 자동차(특용차)에 대한 설명으로 틀린 것은?
① 특별한 목적을 위한 것으로 보디(자체)를 특수한 것으로 한다.
② 특수한 기구를 갖추고 있는 특수 자동차이다.
③ 탱크차, 덤프차, 믹서자동차, 위생자동차, 소방차, 레커차 등이 있다.
④ 선전자동차, 구급차, 우편차, 냉장차 등이 있다.

> **해설** 탱크차, 덤프차, 믹서자동차, 위생자동차, 소방차, 레커차는 특수장비차에 해당한다.

76. 트랙터와 트레일러가 완전 분리되어 총하중을 트레일러만으로 지탱되도록 설계되어 선단에 견인구 즉 트랙터를 갖춘 트레일러 차량으로 맞는 것은?
① 돌리(Dolly) ② 풀(Full) 트레일러
③ 세미(Semi) 트레일러 ④ 폴(Pole) 트레일러

> **해설** 풀 트레일러 : 트랙터와 트레일러가 완전 분리되어 총하중을 트레일러만으로 지탱되도록 설계되어 선단에 견인구 즉 트랙터를 갖춘 트레일러

77. 사업장의 책임 있는 사유로 계약을 해제할 경우에 사업자가 약정한 이사화물의 인수일 당일에도 해제를 통지하지 않은 경우 배상해야하는 계약금의 배수로 맞는 것은?
① 2배액 ② 4배액
③ 8배액 ④ 10배액

> **해설** 사업자가 약정된 이사화물의 인수일 당일에도 해제를 통지하지 않은 경우 계약금의 10배액을 고객에게 지급한다.

78. 운송장의 항목 중 도착지 코드에 대한 설명으로 틀린 것은?
① 코드는 가급적 육안 식별이 가능하도록 2~3단위 정도로 정하는 것이 좋다.
② 화물의 출발할 장소를 기록한다.
③ 화물을 분류할 때에 식별을 용이하게 하기 위해 코드화 작업이 필요하다.
④ 화물이 도착 또는 경유할 터미널 및 배달할 장소를 기록한다.

> **해설** 화물이 도착할 장소를 기록한다.

79. 고객이 택배의 운송장에 운송물의 가액을 기재한 경우 사업자의 손해배상에 대한 설명으로 틀린 것은?
① 훼손되어 수선이 가능한 경우 : 운송장에 기재된 운송물의 가액을 기준으로 실수선 비용(A/S 비용) 지급
② 훼손되어 수선이 불가능한 경우 : 운송장에 기재된 운송물의 가액을 기준으로 산정한 손해액의 지급
③ 전부 또는 일부 멸실된 때 : 운송장에 기재된 운송물의 가액을 기준으로 산정한 손해액의 지급 또는 고객이 입증한 운송물의 손해액(영수증 등) 지급
④ 연착되고 일부 멸실 및 훼손되지 않은 때 일반적인 경우 : 인도예정일을 초과한 일수에 사업자가 운송장에 기재한 운임액의 100%를 곱한 금액 지급(운송장 기재 운임액의 200% 한도)

> **해설** 연착되고 일부 멸실 및 훼손되지 않은 때 일반적인 경우 : 인도예정일을 초과한 일수에 사업자가 운송장에 기재한 운임액의 50%를 곱한 금액 지급(운송장 기재 운임액의 200% 한도)

80. 물품의 변질, 내용물의 활성화 등을 방지하는 것을 목적으로 하는 포장으로 식품 포장 등에 많이 사용되는 것은?

① 완충포장
② 압축포장
③ 방풍포장
④ 진공포장

해설 진공포장 : 밀봉 포장된 상태에서 공기를 빨아들여 밖으로 뽑아버림으로써 물품의 변질, 내용물의 활성화 등을 방지하는 것을 목적으로 하는 포장기법

80. ④

CHAPTER 02 파이널 모의고사 2회

01. 교통사고의 요인 중 인적 요인으로 틀린 것은?
① 운전습관
② 생활태도 요인
③ 도로의 선형
④ 습관

해설 도로의 선형은 교통사고의 요인 중 도로 요인에 해당된다.

02. 중앙분리대로 설치되는 방호울타리의 기능으로 틀린 것은?
① 횡단방지
② 차량 감속
③ 차량이 대향차로로 튕겨나가지 않도록 함
④ 차량의 손상이 적도록 함

해설 중앙분리대로 설치된 방호울타리는 차량의 횡단을 방지, 감속, 튕겨나가지 않도록 하며 차량 손상이 적도록 하는 기능을 한다.

03. 시야 범위 안에 있는 대상물이라고 하더라도 시축에서 약 6° 정도 벗어날 때 시력이 몇 %로 저하되는가?
① 85%
② 80%
③ 90%
④ 99%

해설 시야 범위 안에 있는 대상물이라고 하더라도 시축에서 약 6° 벗어나면 시력은 약 90% 저하된다.

04. 자동차 안전운전에 영향을 미치는 운전자의 신체·생리적 조건으로 틀린 것은?
① 피로
② 질병
③ 약물
④ 도로요인

해설 운전자의 신체·생리적 조건에는 피로, 약물, 질병이 있다.

05. 한쪽 눈을 보지 못하는 사람이 제2종 운전면허를 취득할 경우에 필요한 시력으로 맞는 것은?
① 다른 쪽 눈의 시력이 0.5 이상
② 다른 쪽 눈의 시력이 0.6 이하
③ 다른 쪽 눈의 시력이 0.6 이상
④ 다른 쪽 눈의 시력이 0.7 이하

해설 제2종 운전면허에 필요한 시력은 두 눈을 동시에 뜨고 잰 시력이 0.5 이상이면 합격이고 한쪽 눈을 보지 못하는 사람은 다른 쪽 눈의 시력이 0.6 이상이어 합격한다.

06. 엔진오일이 과다 소모되는 경우의 조치방법 중 틀린 것은?
① 엔진 피스톤 링 교환
② 실린더헤드 교환
③ 엔진오일팬 및 헤드가스킷 교환
④ 휠 얼라이먼트 수리

해설 조향장치의 문제가 발생 시 휠 얼라이먼트 수리가 가장 우선시 되는 항목이다.

07. 야간운전의 어려움으로 틀린 것은?
① 해질 무렵에는 전조등을 비추어도 주변의 밝기가 비슷하기 때문에 어려움이 있다.
② 운전자가 눈으로 확인할 수 있는 시야의 범위가 좁아진다.
③ 해질 무렵에는 다른 자동차나 보행자를 보기가 어렵지 않기 때문에 야간운전 시 어려움이 있다.
④ 마주 오는 차의 전조등 불빛에 현혹되는 경우 물체 식별이 어려워진다.

해설 해질 무렵에는 다른 자동차나 보행자를 보기가 어렵기 때문에 야간운전 시 어려움이 있다.

정답 01. ③ 02. ③ 03. ③ 04. ④ 05. ③ 06. ④ 07. ③

08. 자동차가 운행하기 전에 시동 후 차체에서 이상한 진동이 느껴질 때 고장으로 의심되는 부분은 어느 것인가?

① 현가장치 ② 동력전달장치
③ 엔진 ④ 제동장치

해설 시동 후 자동차가 주행 전 차체에 이상한 진동이 느껴질 때는 엔진에서의 고장이 주원인이다. 점화플러그 관련 계통이나 점화계통에서 발생한다.

09. 고령자의 교통안전 장애요인 중 시각능력의 장애요 인으로 틀린 것은?

① 시력자체의 저하현상발생(원점시력이 더욱 저하)
② 대비능력 저하
③ 눈부심에 대한 감수성 증가
④ 복잡한 교통상황에서 필요한 빠른 신경활동과 정보판단처리능력이 저하

해설 복잡한 교통상황에서 필요한 빠른 신경활동과 정보판단처리능력의 저하는 고령자의 사고·신경능력에 해당된다.

10. 운전자가 위험을 인지하고 자동차를 정지시키려고 시작하는 순간부터 자동차가 완전히 정지할 때까지 진행된 거리로 맞는 것은?

① 공주거리 ② 제동거리
③ 작동거리 ④ 정지거리

해설 운전자가 위험을 인지하고 자동차를 정지시키려고 시작하는 순간부터 자동차가 완전히 정지할 때까지의 시간을 정지시간이라고 하며, 정지시간 동안 진행한 거리를 정지거리라고 한다.

11. 다음 중 고령보행자의 보행행동 특성으로 틀린 것은?

① 보행 궤적이 흔들거리며 보행 중에 사선횡단을 하기도 한다.
② 보행 시 상점이나 포스터를 보며 걷는 경향이 있다.
③ 정면에서 오는 차량 등을 피할 회피능력이 없고 소리나는 방향을 주시하지 않은 경향이 있다.
④ 목소리 구별의 감수성이 저하된다.

해설 목소리 구별의 감수성 저하는 고령자의 청각능력의 특성에 해당된다.

12. 입체교차로에 대한 설명으로 맞는 것은?

① 색채별로 분리하는 기능
② 공간적으로 분리하는 기능
③ 시간적으로 분리하는 기능
④ 암묵적으로 분리하는 기능

해설 입체교차로의 역할 : 교통흐름을 공간적으로 분리한다.

13. 다음 중 휠 실린더의 피스톤에 의해 브레이크 라이닝을 밀어 주어 타이어와 함께 회전하는 드럼을 잡아 멈추게 하는 제동장치로 맞는 것은?

① 핸드 브레이크
② 풋 브레이크
③ EBD(Electronic Brake Force Distribution)
④ ABS(Anti-lock Brake System)

해설 제동장치에서 마스터실린더의 원리에 의하여 발로 조작하는 유압식 브레이크가 작동되는 원리를 표현하는 제동장치는 풋 브레이크 제동장치이다.

14. 정지시력이 20/40인 사람이 정상시력을 가진 사람과 같은 효과를 내기 위한 방법으로 맞는 것은?

① 정상시력을 가진 사람에 비해 1.5배의 큰 글자를 제시
② 정상시력을 가진 사람에 비해 2.0배의 큰 글자를 제시
③ 정상시력을 가진 사람에 비해 2.5배의 큰 글자를 제시
④ 정상시력을 가진 사람에 비해 4.0배의 큰 글자를 제시

해설 정상시력이 20/200이며 20/40은 정상시력의 절반 시력을 가진 사람이다. 따라서 2배의 큰 글자를 보여주어야 같은 효과를 낼 수 있다.

08. ③ 09. ④ 10. ④ 11. ④ 12. ② 13. ② 14. ②

15. 원의 중심으로부터 벗어나려는 힘을 말하며, 자동차의 속도가 빠를수록, 커브가 작을수록, 중량이 무거울수록 커지며 속도의 제곱에 비례해서 커지는 힘을 무엇이라 하는가?

① 원심력 ② 코너링포스
③ 저항력 ④ 접지력

해설 원심력 : 원의 중심으로부터 벗어나려는 힘을 말하며, 자동차의 속도가 빠를수록, 커브가 작을수록, 중량이 무거울수록 커지며 속도의 제곱에 비례해서 커지는 힘

16. 차량점검 시 주의사항에 대한 설명으로 틀린 것은?

① 운행 전 점검을 실시한다.
② 주차할 때에는 항상 주차브레이크를 사용한다.
③ 적색 경고등이 들어온 상태에서는 절대로 운행하지 않는다.
④ 운행 중에 타이어 공기압을 점검한다.

해설 운행 전 타이어 공기압을 점검해야 한다.

17. 긴 비탈길을 내려갈 때 브레이크를 반복하여 사용하면 제동 시 마찰열이 라이닝에 축적되어 브레이크의 제동력이 저하되는 현상을 무엇이라 하는가?

① 수막 현상 ② 모닝 록 현상
③ 페이드 현상 ④ 스탠딩 웨이브 현상

해설 페이드(Fade) 현상 : 브레이크 라이닝의 온도 상승으로 라이닝 면의 마찰계수가 저하되기 때문에 발생한다.

18. 타이어의 마모가 심한 상태에서는 빗길에서 잘 미끄러지고 제동거리가 길어지므로 이를 예방하기 위해 마모된 타이어 트레드 홈 깊이는 얼마 이상으로 유지하여야 하는가?

① 1.0mm ② 1.6mm
③ 2.0mm ④ 2.6mm

해설 트레드 홈의 깊이는 1.6mm 이하를 사용하지 않는다.

19. 동력전달장치 점검과 관련하여 틀린 것은?

① 클러치 페달의 유동이 없고 클러치 유격이 적당한지 확인
② 변속기 오일의 누출은 없는지 확인
③ 추진축 자재이음이나 슬립이음에서 발생하는 소음 확인
④ 판스프링의 절손이나 파손이 발생하였는지 점검

해설 판스프링의 절손이나 파손이 발생하였는지 점검 확인하는 것은 현가장치의 점검에 대한 설명이다.

20. 자동차를 급 출발시킬 때 앞 범퍼 부분의 차체가 들리는 현상으로 맞는 것은?

① 노즈 업(Nose up) ② 노즈 다운(Nose down)
③ 바운싱(Bouncing) ④ 피칭(Pitching)

해설 노즈 업(Nose Up) : 자동차가 출발할 때 구동 바퀴는 이동하려 하지만 차체는 정지하고 있기 때문에 앞 범퍼 부분이 들리게 되는 현상

21. 엔진의 과회전 현상을 예방할 수 있는 방법으로 틀린 것은?

① 고단에서 저단으로 급격한 기어변속 금지(특히 내리막길)
② 라디에이터 내 냉각수 흐름을 관찰(기포현상이 있으면 고장임)
③ 과도한 엔진브레이크 사용 지양(내리막길 주행 시)
④ 최대 회전속도를 초과한 운전 금지

해설 라디에이터 내 냉각수 흐름의 관찰(기포현상이 있으면 고장임)은 엔진온도 과열시 조치방법이다.

22. 야간에는 대향차량 간의 전조등에 의하여 주행 시 조명빛으로 보행자의 모습이 사라지는 현상으로 맞는 것은?

① 명순응현상 ② 블랙아웃현상
③ 암순응현상 ④ 눈부심 현상(현혹 현상)

해설 대향차량 간의 전조등에 의한 눈부심 현상을 현혹현상이라 하며 통행인을 우측 갓길에 있는 통행인보다 확인하기 어렵다.

정답 15. ① 16. ④ 17. ③ 18. ② 19. ④ 20. ① 21. ② 22. ④

23. 차량 제동 시 차체가 진동할 때의 조치방법으로 틀린 것은?

① 전차륜 정열상태 점검(휠 얼라이먼트)
② 제동력 점검
③ 브레이크 드럼 및 라이닝 점검
④ 동력인출장치의 작동상태 점검

해설 동력인출장치의 작동상태 점검 : 덤프 트럭 작동 시 상승중에 적재함이 멈출 때 점검해야 한다.

24. 위험물의 운반 방법으로 틀린 것은?

① 마찰, 흔들림의 발생 예방 또는 소화설비를 갖추고 운행할 것
② 지정 수량 이상의 위험물을 차량으로 운반할 때는 차량의 전면 또는 후면의 보기 쉬운 곳에 표지를 게시할 것
③ 독성가스를 차량에 적재하여 운반하는 때에는 당해 독성 가스의 종류에 따른 방독면, 고무장갑, 고무장화 등을 휴대할 것
④ 혼재 금지된 위험물의 혼합 적재하여 직사광선 및 빗물 등의 침투를 방지할 수 있는 유효한 덮개를 설치할 것

해설 혼재 금지된 위험물의 혼합 적재를 금지하여 직사광선 및 빗물 등의 침투를 방지할 수 있는 유효한 덮개를 설치할 것

25. 다음 중 광폭 중앙분리대에 대한 설명으로 맞는 것은?

① 연석의 중앙에 잔디나 수목을 심어 녹지공간을 제공한다.
② 중앙분리대 내에 충분한 설치 폭의 확보가 어려운 곳에 설치한다.
③ 도로선형의 양방향 차로가 완전히 분리될 수 있는 충분한 공간 확보로 대향차량의 영향을 받지 않을 정도의 너비를 제공한다.
④ 차량과 충돌 시 차량을 본래의 주행방향으로 복원해주는 기능이 미약하다.

해설 광폭 중앙분리대 : 도로선형의 양방향 차로가 완전히 분리될 수 있는 충분한 공간 확보로 대향차량의 영향을 받지 않을 정도의 너비를 제공

26. 교통사고 요인을 분류할 때 그 분류항목으로 틀린 것은?

① 인적 요인   ② 차량 요인
③ 도로 요인   ④ 사회적 요인

해설 교통사고의 요인 : 인적, 도로, 환경, 차량 요인

27. 다음 중 도로에서의 교통사고의 위험성이 높아지는 경우로 틀린 것은?

① 곡선반경이 적어지면서 곡선이 급해짐에 따라 사고율이 높아진다.
② 곡선부가 오르막 내리막의 종단경사와 중복되는 곳의 경우
③ 오르막 내리막 경사가 커지는 경우
④ 속도표지와 시선유도표를 포함한 주의(노면)표지를 잘 설치해야 한다.

해설 곡선부에서의 사고를 감소시키는 방법은 속도표지와 시선유도표를 포함한 주의(노면)표지를 잘 설치해야 한다.

28. 유압식 브레이크의 휠 실린더나 브레이크 파이프 속에서 액체(브레이크액)가 기화되어 페달을 밟아도 스펀지를 밟는 것 같고, 유압이 전달되지 않아 브레이크가 작용하지 않는 현상은?

① 베이퍼 록(Vapor lock) 현상
② 페이드(Fade) 현상
③ 모닝 록(Morning lock) 현상
④ 스탠딩 웨이브(Standing wave) 현상

해설 베이퍼 록 현상 : 유압식 브레이크의 휠 실린더나 브레이크 파이프 속에서 액체(브레이크액)가 기화되어 페달을 밟아도 스펀지를 밟는 것 같고, 유압이 전달되지 않아 브레이크가 작용하지 않는 현상

29. 도로를 보호하고 비상시에 이용하기 위하여 차도에 접속하여 설치하는 도로의 부분을 이르는 것은?

① 길어깨(갓길)   ② 길 가장자리 구역
③ 차선   ④ 교차로

23. ④   24. ④   25. ③   26. ④   27. ④   28. ①   29. ①

해설 길어깨 : 도로를 보호하고 비상시에 이용하기 위하여 차도에 접속하여 설치하는 도로

30. 다음 중 중앙분리대의 종류가 아닌 것은?
① 방호울타리형 ② 종단선형
③ 광폭 중앙분리대 ④ 연석형

해설 중앙분리대에는 방호울타리형, 연석형, 광폭 중앙분리대가 있다.

31. 다음 중 자동차가 우회전, 좌회전 또는 유턴을 할 수 있도록 직진하는 차로와 분리하여 추가로 설치하는 차로로 맞는 것은?
① 회전차로 ② 측대
③ 변속차로 ④ 길어깨

해설 회전차로 : 자동차가 우회전, 좌회전 또는 유턴을 할 수 있도록 직진하는 차로와 분리하여 추가로 설치하는 차로

32. 교통사고와 밀접한 어린이의 행동 유형이 아닌 것은?
① 차내 안전사고(급출발, 급정지시 앞으로 쏠리면서)
② 승용차 뒷좌석 안전벨트 착용
③ 자전거 사고
④ 도로상에서의 위험한 놀이

해설 어린이들이 당하기 쉬운 교통사고 유형 : 도로에 갑자기 뛰어들음, 도로 횡단 중의 부주의, 도로상에서의 위험한 놀이, 자전거사고, 차내 안전사고

33. 다음 도로구조규칙상 용어에 대한 설명으로 틀린 것은?
① 오르막차로 : 오르막 구간에서 저속 자동차를 다른 자동차와 분리하여 통행시키기 위하여 설치하는 차로
② 분리대 : 차도를 통행의 방향에 따라 분리하거나 성질이 다른 같은 방향의 교통을 분리하기 위하여 설치하는 도로의 부분이나 시설물
③ 길어깨 : 자동차의 주차 또는 정차에 이용하기 위하여 도로에 접속하여 설치하는 부분

④ 회전차로 : 자동차가 우회전, 좌회전 또는 유턴을 할 수 있도록 직진하는 차로와 분리하여 추가로 설치하는 차로

해설 길어깨 : 도로를 보호하고, 비상시나 유지관리 시에 이용하기 위하여 차로에 접속하여 설치하는 도로의 부분

34. 길어깨의 역할이 아닌 것은?
① 보도 등이 없는 도로에서는 보행자 등의 통행장소로 제공된다.
② 유지가 잘 되어 있는 길어깨는 도로 미관을 해친다.
③ 유지관리 작업장이나 지하매설물에 대한 장소로 제공된다.
④ 측방 여유폭을 가지므로 교통의 안전성과 쾌적성에 기여한다.

해설 유지가 잘 되어 있는 길어깨는 도로 미관을 높인다.

35. 교통상황에 적절한 대응과 자신의 행동을 통제하고 조절하면서 운행하는 능력으로 재빠르게 파악하는 능력을 표현하는 것은?
① 정확한 운전지식 ② 관찰력
③ 판단력 ④ 양보와 배려의 실천

해설 판단력 : 교통상황에 적절한 대응과 자신의 행동을 통제하고 조절하면서 운행하는 능력으로 재빠르게 파악하는 능력

36. 운전피로에 관한 설명 중 틀린 것은?
① 운전자의 피로의 정도가 지나치면 과로가 되고 정상적인 운전이 곤란해져 그 결과 교통사고로 이어진다.
② 연속운전은 일시적 급성피로를 낳게 한다.
③ 운전피로는 운전조작의 잘못, 주의력 집중의 편재, 외부의 정보를 차단하는 졸음 등을 불러와 교통사고의 원인이 된다.
④ 운전착오는 대낮에 많이 발생한다.

해설 운전착오는 심야에서 새벽 사이에 많이 발생한다.

정답 30. ② 31. ① 32. ② 33. ③ 34. ② 35. ③ 36. ④

37. 주행 시 속도조절에 대한 설명으로 틀린 것은?

① 교통량이 많은 곳에서는 속도를 줄여서 주행한다.
② 노면의 상태, 기상상태, 도로조건 등으로 시계나 조명조건이 나쁜 곳 또는 해질 무렵, 터널 등은 속도를 줄여서 주행한다.
③ 주행하는 차들과 물 흐르듯 속도를 맞추지 않아도 된다.
④ 간격이 좁은 도로에서는 속도를 낮추어 안정하게 통행한다.

해설 주행하는 차들과 물 흐르듯 속도를 맞추어 주행한다.

38. 차량의 진행방향을 운전자의 핸들에 의하여 앞바퀴의 방향을 틀어서 자동차의 방향을 바꾸는 장치는?

① 제동장치　　② 조향장치
③ 현가장치　　④ 주행장치

해설 조향장치 : 차량의 진행방향을 운전자의 핸들에 의하여 앞바퀴의 방향을 틀어서 자동차의 방향을 바꾸는 장치

39. 야간안전 운전방법으로 틀린 것은?

① 해가 저물면 곧바로 전조등을 점등할 것(주간보다 속도감속)
② 전조등이 비치는 곳보다 앞쪽까지 살필 것
③ 대향차의 전조등을 바로 보지 말 것이며, 차의 실내를 불필요하게 밝게 하지 말 것
④ 야간안전 운전방법으로 고장 시 노상에 주·정차를 해야 한다.

해설 야간안전 운전방법으로 고장 시 노상에 주·정차를 하지 않아야 한다.

40. 섀시 계통 고장 중 제동 시 차량 쏠림현상이 발생하는 경우 점검 방법으로 틀린 것은?

① 에어 및 오일파이프라인 이상발견
② 좌·우 브레이크 라이닝 간극 및 드럼손상 점검
③ 듀얼 서킷 브레이크 점검
④ 휠 센서 단품 점검 이상 발견

해설 휠 센서 단품 점검 이상 발견은 ABS 경고등 점등시 점검방법이다.

41. 교차로의 황색신호의 통상적인 기본 시간으로 옳은 것은?

① 3초　　② 6초
③ 7초　　④ 9초

해설 교차로 황색신호시간의 통상적인 기본 시간은 3초이다.

42. 교통사고와 관련이 있는 보행자의 교통정보 인지결함의 원인이 아닌 것은?

① 다른 생각을 하면서 보행하고 있었다.
② 피곤한 상태에서 주의력이 저하되었다.
③ 횡단 중 한쪽 방향에만 주의를 기울였다.
④ 등교 또는 출근시간에 천천히 걷고 있었다.

해설 등교 또는 출근시간 때문에 급하게 서둘러 걷고 있었다가 원인이다.

43. 고속도로의 운행 시 안전운전방법으로 틀린 것은?

① 속도의 흐름과 도로사정, 날씨 등에 따라 안전거리 충분히 확보
② 주행 중 속도계를 수시로 확인하여 법정속도를 준수한다.
③ 고속도로 진입 시 충분히 감속으로 속도를 낮춘 후 주행차로로 진입하여 주행차에 방해를 주지 않도록 한다.
④ 뒤차가 자기 차를 추월(앞지르기)하고 있는 상황에서 경쟁하는 것은 위험하므로, 양보하여 주는 것이 안전운전이 된다.

해설 고속도로 진입 시 충분한 가속으로 속도를 높인 후 주행차로로 진입하여 주행차에 방해를 주지 않도록 한다.

44. 10m 떨어진 거리에서 크기 15mm의 문자를 판독할 수 있다면 이 경우의 시력으로 맞는 것은?

① 0.8　　② 1.0
③ 1.2　　④ 1.5

37. ③　38. ②　39. ④　40. ④　41. ①　42. ④　43. ③　44. ②

해설 10m 거리에서 15mm 크기의 글자를 읽을 수 있으면 정상시력 1.0이다.

45. 충전용기 등을 차량에 적재할 때의 기준으로 틀린 것은?

① 차량의 최대 적재량을 초과 및 적재함을 초과하여 적재금지
② 운반 중의 충전용기는 항상 40℃ 이하로 유지할 것
③ 충전용기 등을 적재할 경우를 제외하고는 모든 충전용기는 2단으로 쌓을 것
④ 가스운반용 차량의 적재함에는 리프트를 설치해야 한다.

해설 충전용기 등을 적재할 경우를 제외하고는 모든 충전용기는 1단으로 쌓을 것

46. 운행 중 속도조절에 대한 설명으로 틀린 것은?

① 주행하는 차들과 물 흐르듯 속도를 맞추어 주행한다.
② 앞지르기가 허용된 지역과 꼭 필요한 경우에만 앞지르기를 한다.
③ 노면의 상태, 기상상태, 도로조건 등으로 시계나 조명조건이 나쁜 곳에서는 속도를 줄여서 주행한다.
④ 주택가나 이면도로 등에서는 과속이나 난폭운전을 하지 않는다.

해설 앞지르기를 할 때 : 앞지르기가 허용된 지역과 꼭 필요한 경우에만 앞지르기를 한다.

47. 추수기를 맞아 경운기 등 농기계의 빈번한 사용으로 농촌지역 운행 시, 농기계의 출현에 대비하여 운전해야 하는 계절은?

① 봄   ② 여름
③ 가을   ④ 겨울

해설 가을 : 추수기를 맞아 경운기 등 농기계의 빈번한 사용으로 농촌지역 운행 시, 농기계의 출현에 대비하여 운전해야 하는 계절

48. 고압가스 충전용기를 적재한 차량을 주차 또는 정차시킬 때의 주의사항으로 틀린 것은?

① 충전용기 등을 적재한 차량의 주·정차 장소는 가급적 평탄하고 교통량이 적은 안전한 장소를 택한다.
② 제1종 보호시설에서는 20m 이상 떨어지고, 제2종 보호시설이 밀착되어 있는 지역은 가급한 피한다.
③ 고장으로 정차하는 경우에는 고장자동차의 표시 등을 설치한다.
④ 주차할 때에는 엔진을 정지시킨 후 주차브레이크를 걸어 놓고 반드시 차 바퀴를 고정목 등으로 고정시킨다.

해설 제1종 보호시설에서는 15m 이상 떨어지고, 제2종 보호시설이 밀착되어 있는 지역은 가급한 피한다.

49. 터널 내 화재 시 행동요령으로 틀린 것은?

① 조기 진화가 불가능할 경우 젖은 수건이나 소등으로 코와 입을 막고 낮은 자세로 화재 연기를 피해 유도등을 따라 신속히 터널 외부로 대피한다.
② 터널 밖으로 이동이 불가능한 경우 최대한 갓길 쪽으로 정차한다.
③ 터널에 비치된 소화기나 설치되어 있는 소화전으로 조기 진화를 시도한다.
④ 운전자는 차량을 정차한 후 차량통제를 유도한다.

해설 운전자는 차량과 함께 터널 밖으로 신속히 이동한다.

50. 사고의 원인과 요인에서 교통사고 3가지 요인에 포함되지 않는 것은?

① 간접적 요인   ② 중간적 요인
③ 직접적 요인   ④ 도로요인과 환경요인

해설 교통사고 요인은 간접적 요인, 중간적 요인, 직접적 요인 3가지로 구분된다.

51. 다음 중 흡연예절로 틀린 것은?

① 담배꽁초는 반드시 재떨이에 버린다.
② 꽁초를 손가락으로 튕겨버리거나 차 밖으로 버린다.
③ 화장실 변기에 버리지 않는다.
④ 꽁초를 바닥에 버린 후 발로 비비지 않는다.

해설 꽁초를 손가락으로 튕겨버리거나, 차밖으로 버리지 않는다.

52. 물류혁신시대의 화주기업과 물류전문업계 및 종사자의 새로운 패러다임을 위한 올바른 자세라고 할 수 없는 것은?
① 서비스의 향상
② 물류업무의 적정한 대가 및 정당한 이익 계상
③ 화주기업이 정한 운임제도의 시행이 필요
④ 근본적인 물류비용의 절감을 위한 노력

해설 새로운 패러다임의 확립을 위해서는 반드시 표준운임제도의 시행이 필요

53. 다음 중 운전자가 가져야 할 기본적인 자세로 틀린 것은?
① 자신감 있는 운전습관
② 여유 있고 양보하는 마음으로 운전
③ 저공해 등 환경보호, 소음공해 최소화 등
④ 추측 운전의 삼가

해설 운전기술의 과신은 금물

54. '직업의 사명감과 소명의식을 갖고 정성과 정열을 쏟을 수 있는 곳'이란 의미는 직업의 4가지 의미 중 어디에 해당되는가?
① 경제적 의미   ② 정신적 의미
③ 사회적 의미   ④ 철학적 의미

해설 정신적 의미 : 직업의 사명감과 소명의식을 갖고 정성과 정열을 쏟을 수 있는 곳

55. 다음 중 고객을 응대하는 마음가짐으로 틀린 것은?
① 꾸준히 반성하고 개선한다.
② 예의를 지켜 겸손하게 대한다.
③ 고객이 부담을 갖도록 정성으로 대한다.
④ 투철한 서비스 정신을 가진다.

해설 고객이 호감을 갖도록 한다.

56. 운전자의 신상변동 등이 발생했을 경우에 대한 조치로 틀린 것은?
① 결근, 지각, 조퇴가 필요한 경우 회사에 즉시 보고
② 운전면허 취소 등의 면허 행정처분 시 즉시 회사에 보고
③ 운전면허 기재사항 변경은 운전면허 일시정지는 회사에 즉시 보고
④ 질병 등으로 장기간 치료시 회사에 차후 보고

해설 질병 등으로 장기간 치료시 회사에 즉시 보고하여야 한다.

57. 과거와 달리 현재의 물류에서 가장 중요하게 생각하는 것은?
① 자재 조달이나 폐기, 회수까지 총괄하는 의미
② 단순히 장소적 이동을 의미하는 운송
③ 보관을 위한 물류센터
④ 생산자의 요구에 부응할 목적으로 생산지에서 소비지까지 원자재, 중간재 등을 이동 및 보관

해설 현재의 물류는 단순히 장소적 이동을 의미하는 운송의 개념에서 자재 조달이나 폐기, 회수까지 총괄하는 의미로 사용되고 있다.

58. 고객이 현장사원 등과 접하는 환경과 분위기를 고객만족 실현을 위한 소프트웨어(Software) 품질을 의미하는 것은?
① 서비스 품질   ② 상품품질
③ 영업품질   ④ 기대품질

해설 영업품질 : 고객이 현장사원 등과 접하는 환경과 분위기를 고객만족 쪽으로 실현하기 위한 소프트웨어(Software) 품질

59. 로지스틱스 전략관리를 위한 전문가의 자질 중 지식이나 노하우를 바탕으로 시스템모델을 표현하는 능력은?
① 행동력   ② 창조력
③ 이해력   ④ 판단력

52. ③ 53. ① 54. ② 55. ③ 56. ④ 57. ① 58. ③ 59. ②

해설 창조력 : 지식이나 노하우를 바탕으로 시스템모델을 표현하는 능력

60. 로지스틱스 회사에서 고객만족을 위한 수요창출에 누구보다 중요한 위치를 점하고 있는 일선 근무자로 맞는 것은?
① 최고경영자 ② 운전자
③ 임원 ④ 중간판매자

해설 운전자 : 고객만족을 위한 수요창출의 최첨단에 있고, 고객서비스의 수준을 높이는 일선 근무자

61. 다음 중 제3자 물류의 발전 동향으로 틀린 것은?
① 국내 물류시장은 최근 공급자와 수요자 양 측면 모두에서 제3자 물류가 활성화될 수 있는 기본적인 여건을 형성하고 있는 중이다.
② 공급자 측면에서는 최근 신규 물류업체와 외국 물류기업의 시장 참여가 늘어남에 따라 물류시장의 경쟁구조가 한층 더 심화되고 있다.
③ 물류산업의 경쟁 촉진을 제한하던 각종 행정규제가 크게 강화됨에 따라 특정 물류업체간의 경쟁이 치열해지고 있다.
④ 수요자 측면에서는 최근 물류전문업체와의 전략적 제휴협력을 통해 물류효율화를 추진하는 화주기업인 물류 아웃소싱이 큰 폭으로 증가하고 있다.

해설 제3자 물류의 발전 동향 : 물류산업의 경쟁 촉진을 제한하던 각종 행정규제가 크게 완화됨에 따라 특정 물류업체간의 경쟁이 치열해지고 있다.

62. 물류관리의 목표(시장능력 강화와 물류비 감소)를 달성하기 위한 고객서비스 수준의 결정 기준으로 맞는 것은?
① 관리지향적이어야 한다.
② 판매자지향적이어야 한다.
③ 생산자지향적이어야 한다.
④ 고객지향적이어야 한다.

해설 고객서비스 수준의 결정은 고객지향적이어야 하며, 경쟁사의 서비스 수준을 비교한 후 그 기업이 달성하고자 하는 특정한 수준의 서비스를 최소의 비용으로 고객에게 제공하여야 한다.

63. 물품을 저장·관리하는 것을 의미하고 시간·가격 조정에 관한 기능을 수행하며 수요와 공급의 시간적 간격을 조정함으로서 경제활동의 안정과 촉진을 도모하는 기능으로 맞는 것은?
① 운송기능 ② 유통가공 기능
③ 보관기능 ④ 포장기능

해설 보관기능 : 물품을 저장·관리하는 것을 의미하고 시간·가격조정에 관한 기능을 수행하며 수요와 공급의 시간적 간격을 조정함으로서 경제활동의 안정과 촉진을 도모하는 기능

64. 제4자 물류(4PL)의 일반적인 개념과 거리가 먼 것은?
① 제3자 물류의 기능에 컨설팅 기능까지 수행할 수 있다.
② 제4자 물류(4PL)의 핵심은 생산자에게 제공되는 서비스를 극대화하는 것이다.
③ 제4자 물류의 발전은 제3자 물류(3PL)의 능력, 전문적인 서비스 제공, 비즈니스 프로세스관리, 고객에게 서비스 기능의 통합과 운영의 자율성을 배가시키고 있다.
④ 제4자 물류 공급자는 광범위한 공급망의 조직을 관리하고 기술, 능력, 자료 등을 관리하는 공급망 통합자이다.

해설 제4자 물류(4PL)의 핵심은 고객에게 제공되는 서비스를 극대화하는 것이다.

65. 물류전략의 실행구조 중 구조설계에 해당하는 영역은?
① 고객서비스의 수준 결정
② 로지스틱스 네트워크 전략 구축
③ 수송·자재관리
④ 조직·변화관리

해설 구조설계 : 공급망 설계 고객요구 변화에 따라 경쟁 상황에 맞게, 유통경로를 재구축, 로지스틱스 네트워크 전략구축

66. 화물수송에서 수·배송을 계획·실시·통제 단계로 구분할 때 실시 단계에 포함되지 않는 것은?
① 화물의 추적 파악 ② 화물적재 지시
③ 배송 지시 ④ 운임계산

해설 운임계산은 통제 단계에 포함된다.

정답 60. ② 61. ④ 62. ④ 63. ③ 64. ② 65. ② 66. ④

67. 선박 및 철도와 비교한 화물자동차 운송의 특징으로 틀린 것은?
① 문전에서 문전으로 배송서비스를 탄력적으로 행할 수 있다.
② 중간하역이 불필요하며 포장의 간소화 · 간략화 가능
③ 싣고 부리는 횟수가 적어도 된다.
④ 수송단위가 크다.

해설 선박 및 철도와 비교하여 화물자동차운송은 수송단위가 작다.

68. 택배종사자가 화물을 배달할 때에 대한 설명으로 틀린 것은?
① 전화를 받지 아니하여도 화물은 가져간다.
② 방문예정시간은 4시간 정도의 여유를 갖고 약속함이 좋다.
③ 약속시간을 지키지 못할 경우에는 재차 전화하여 예정시간을 정정한다.
④ 방문 예정시간에 수하인이 없을 때에는 반드시 대리 인수자를 지명받아 그 사람에게 인계해야 한다.

해설 방문예정시간은 2시간 정도의 여유를 갖고 약속함이 좋다.

69. 다음 중 가동률에 대한 설명으로 맞는 것은?
① 주행거리에 대해 실제로 화물을 싣고 운행한 거리의 비율
② 최대적재량 대비 적재된 화물의 비율
③ 주행거리에 대해 화물을 싣지 않고 운행한 거리의 비율
④ 화물자동차가 일정 기간(예 1개월)에 걸쳐 실제로 가동한 일 수

해설 가동률 : 화물자동차가 일정 기간(예 1개월)에 걸쳐 실제로 가동한 일 수

70. 물류네트워크의 평가와 감사를 위한 일반적 지침과 관계가 없는 것은?
① 물류비용　　② 생산결정 정책
③ 제품특성　　④ 제품생산과정

해설 물류네트워크의 평가와 감사를 위한 일반적 지침 : 수요, 고객서비스, 제품특성, 물류비용, 가격결정 정책이다.

71. 다음 중 마케팅에 대한 설명으로 틀린 것은?
① 생산자가 상품 또는 서비스를 소비자에게 유통시키는 것
② 소비자지향에서 생산자지향으로의 추구
③ 찾고는 있지만 느끼지 못하고 있는 것을 소비자에게 제공하는 것
④ 소비자가 찾고 있는 것을 제공하는 것

해설 마케팅 : 생산자지향에서 소비자지향으로 추구하며 모든 체계적인 경영활동

72. 도킹수송과 유사한 방법으로 중간지점에서 운전자만 교체하는 수송방법으로 맞는 것은?
① 고효율화 수송　　② 왕복실차율 상승법
③ 중간태우기 수송　　④ 이어타기 수송

해설 이어타기 수송이란 도킹수송과 유사한 것으로 중간지점에서 운전자만 교체하는 수송방법을 말한다.

73. 다음 중 통합판매 · 물류 · 생산시스템(CALS: Computer Aided Logistics Support)에 대한 설명으로 틀린 것은?
① 컴퓨터에 의한 통합생산이나 경영과 유통의 재설계 등을 총칭
② 중계국에 할당된 여러 개의 채널을 공동으로 사용하는 무전기시스템으로 이동차량이나 선박 등 운송수단에 탑재하여 이동간의 정보를 송수신할 수 있는 통신서비스 제품설계에서 폐기에 이르는 모든 활동을 디지털 정보기술의 통합을 통해 구현하는 산업화전략
③ 무기체제의 설계 · 제작 · 군수 유통체계지원을 위해, 디지털기술의 통합과 정보공유를 통한, 신속한 자료처리 환경을 구축
④ 제품설계에서 폐기에 이르는 모든 활동을 디지털 정보기술의 통합을 통해 구현하는 산업화전략

해설 주파수 공용통신(TRS: Trunked Radio System) : 중계국에 할당된 여러 개의 채널을 공동으로 사용하는 무전기시스템

67. ④　68. ②　69. ④　70. ②　71. ②　72. ④　73. ②

135

74. 운송, 보관, 포장의 전후에 부수하는 물품의 취급으로, 교통기관과 물류시설에 걸쳐 행해지는 것은?
① 포장 ② 정보
③ 하역 ④ 보관

해설 하역 : 운송, 보관, 포장의 전후에 부수하는 물품의 취급으로, 교통기관과 물류시설에 걸쳐 행해진다.

75. 물류고객서비스의 거래 전 요소에 해당하는 것으로 맞는 것은?
① 접근 가능성, 조직구조, 시스템의 유연성
② 제품의 추적, 고객의 클레임, 고충, 반품처리, 제품의 일시적 교체
③ 배송촉진
④ 재고 품절 수준

해설 거래 전 요소 : 문서화된 고객서비스 정책 및 고객에 대한 제공, 접근 가능성, 조직구조, 시스템의 유연성, 매니지먼트 서비스

76. 실시간 교통정보를 제공하는 범지구측위시스템(GPS)의 도입효과로 틀린 것은?
① 각종 자연재해로부터 사전에 대비해 재해를 회피할 수 있다.
② 대도시의 교통혼잡 시에 차량에서 행선지 지도와 도로사정(교통정체현상) 등을 파악가능하다.
③ 밤낮으로 운행하는 운송차량추적시스템을 GPS를 통하여 완벽하게 관리 및 통제할 수 있다.
④ 지반침하와 침하량은 측정할 수 없어 리얼타임으로 신속하게 대응할 수 없다.

해설 지반침하와 침하량을 측정해 리얼타임으로 신속하게 대응할 수 있다.

77. 사업용(영업용) 트럭운송의 단점에 대한 설명이 아닌 것은?
① 시스템에 일관성이 없다.
② 인터페이스가 약하다.
③ 기동성이 부족하다.
④ 물동량의 변동에 대응한 안정수송이 가능하다.

해설 단점 : 운임의 안정화가 곤란하다. 관리기능이 저해된다. 마케팅 사고가 희박하다. 인터페이스가 약하다. 기동성이 부족하다. 시스템의 일관성이 없다.

78. 기업이 사내의 물류조직을 별도로 분류하여 독립하는 경우는?
① 제1자 물류 ② 제2자 물류
③ 제3자 물류 ④ 제4자 물류

해설 제2자 물류 : 기업이 사내의 물류조직을 별도로 분류하여 독립하는 경우

79. 트럭운송이 국내 운송의 대부분을 차지하고 있는 이유로 틀린 것은?
① 트럭수송의 기동성이 소비자의 요청에 적합하기 때문이다.
② 트럭수송의 경쟁자인 철도수송에서는 국철의 화물수송이 독립적으로 시장을 지배해 왔던 관계로, 경쟁원리가 작용하지 않게 되고 그 지위가 낮기 때문이다.
③ 고속도로의 건설 등과 같은 도로시설에 대한 공공투자가, 철도시설에 비해 적극적으로 이루어져 왔다는 사실에 기인하고 있다.
④ 오늘날 소비의 다양화, 소량화가 현저해지고 그 결과 더욱더 트럭수송이 중요한 위치를 차지하게 되었다.

해설 트럭수송의 기동성이 산업계의 요청에 적합하기 때문이다.

80. 고객의 물류클레임 중 제품의 품질만큼 중요하게 여기는 것과 거리가 먼 것은?
① 오품 ② 파손
③ 수량오류 ④ 신속배달

해설 고객의 물류클레임 중 제품의 품질만큼 중요하게 여기는 것 : 오손, 파손, 오품, 수량오류, 오량, 오출하, 전표오류, 지연